高等职业教育“十三五”精品规划教材

工匠精神读本

洪弋力　万中国　主编
闫　实　主审

图书在版编目(CIP)数据

工匠精神读本 / 洪弋力，万中国主编. —天津：天津大学出版社，2019.7
高等职业教育“十三五”精品规划教材
ISBN 978-7-5618-6443-2

Ⅰ.①工… Ⅱ.①洪… ②万… Ⅲ.①职业道德—高等职业教育—教材 Ⅳ.①B822.9

中国版本图书馆CIP数据核字(2019)第137252号

出版发行 天津大学出版社
地　　址 天津市卫津路92号天津大学内(邮编:300072)
电　　话 发行部:022-27403647
网　　址 publish.tju.edu.cn
印　　刷 北京虎彩文化传播有限公司
经　　销 全国各地新华书店
开　　本 169mm × 239mm
印　　张 10.75
字　　数 237千
版　　次 2019年7月第1版
印　　次 2019年7月第2次
定　　价 29.00元

《工匠精神读本》

编写人员

主编： 洪弋力　万中国

主审： 闫　实

参编： 陈晓敏　孙　茗　刘　通　王曦华
熊　维　黄文虹　何　谯

前　　言

中国古代璀璨的文明给我们留下了无数巧夺天工的艺术珍品，2017年的一档节目《国家宝藏》由中央电视台与故宫博物院等九家国家级重点博物馆合作，对文博领域深入挖掘，向我们展示了文物与人之间的必然联结，不仅拉近了当代人与文物的距离，更让我们看到了中国古代工匠们的匠心独运。

再放眼当代，2016年3月，“工匠精神”首次出现在政府工作报告中，“培育精益求精的工匠精神，增品种、提品质、创品牌”成为当代工匠们的追求。何为“工匠精神”？它不仅需要高超的技艺和精湛的技能作为载体，更体现了严谨、细致、专注、负责的工作态度，体现了爱岗敬业、追求卓越的责任感、荣誉感和使命感。《中国制造2025》行动纲领，就是要加速把中国制造变成“精品制造”，打造具有国际竞争力的制造业。而实现“精品制造”就需要精雕细琢的“工匠精神”。“工匠精神”是一种理念、一股精气神。

作为一所职业院校，成都工业职业技术学院也在不断探索和挖掘学院的精神内核和文化内涵。2016年，我们成功申报了“四川省工业文化普及基地”，随后按照“文化引领、项目驱动、服务发展、特色打造”的总体思路，围绕学院的“十三五”发展目标，努力将学院打造成为一个支撑区域现代产业发展所需的现代化、国际化、信息化、特色化窗口和宣传工业文化、弘扬工业精神的主阵地、主力军和新地标。在工业文化的推广普及过程中，我们做了很多探索，其中包括开设一门特色课程“工匠精神”，这个想法一提出便得到了领导们的大力支持，其已作为一门必修课程，在全院开设了两个学期。

为了更好地开展“工匠精神”课程教学，推广工业文化，艺术人文教研室的老师们希望赋予课程更丰富的载体，于2017年着手编写此书，几经波折，期间得到了学院、分院领导的大力支持，书籍才终能和大家见面。本书的编写离不开各位编者的辛苦付出，绪论“新工匠，工匠心”由笔者完成，简要阐述了本书的基本内容；第一章“精益求精，行行出状元”由长期从事中职、高职语文类课程教学的陈晓敏老师完成；第二章“信守契约，传承工匠魂”的编者孙茗老师长期从事相关工作，对“契约精神”有深刻的理解；第三章“以勤为先，铁杵磨成针”由笔者与另外一位青年教师刘通共同编写，阐释了“万事勤为先”的精神；第四章“合作双赢，共筑中国梦”的编者为王曦华老师，这一章展现了时代发展中不可或缺的“分工与协作”；第五章“独具匠心，师古不泥古”由长期从事创新创业教学工作的熊维老师编写；第六章“雄心壮志，做中国创客”的编者黄文虹老师立足自身作为创业导师的实践，展现了中国创客的生命力；第七章“匠心引导，做中国智造”的编者何谯老师长期承担校企合作订单班的教学工作，对“企业精神”有独到的见解；笔者和教研室主任万中国老师对全书进行了汇总。非常感谢各位编者的认真工作。作为职业院校的教师，我们希望更多的人通过本书了解工匠精神，并积极投身实践，为社会创造更大的价值。

本书的整体结构为理论阐述加引文举例，书稿中的引文内容多为已出版的书籍、报纸、期刊以及网络上的文章的节选，在成书过程中略有删改。在此，向各位原作者致以衷心的感谢。此外，由于未能及时联系到各位原作者，我们真诚致歉，请您见书后与我们联系。

洪弋力

2018年12月

目　　录

绪论 新工匠，工匠心

党的十九大以来，习近平总书记高度重视制造业的发展。十九大后首次调研，习近平总书记就来到制造业企业，为实体经济加油打气，他强调，“必须始终高度重视发展壮大实体经济，不能走单一发展、脱实向虚的路子。发展实体经济，就一定要把制造业搞好，当前特别要抓好创新驱动，掌握和运用好关键技术”，这彰显了以习近平同志为核心的党中央对实体经济的高度重视，中国发展壮大实体经济的“路线图”和着力点已清晰可见。现在，中国虽然号称“世界工厂”，但是制造业规模上的辉煌却难掩品质上的瑕疵。中国经济要实现高速增长向高质量发展转变，制造业必须实现由中国制造向中国创造转变、由中国速度向中国质量转变、由中国产品向中国品牌转变。

建设制造强国是一项长期战略任务，不仅需要技术创新、产业升级的刚性推进，还需要工业文化力量提供源源不断的柔性支撑和强大精神动力。工业实力是决定国家发展的重要因素之一。习近平总书记指出：“体现一个国家综合实力最核心的、最高层的，还是文化软实力，这事关一个民族精气神的凝聚。”工业文化是国家工业软实力的核心，是国家工业发展的灵魂，是国家工业化进程的重要支撑。“工业文化可为制造强国建设提供精神动力。工业精神在工业化过程中产生和发展，是为工业生产活动提供深层次动力和支持的一种社会主导取向和共同价值观。世界上最优秀的制造业，如德国制造、日本制造、瑞士制造，背后都有着一丝不苟的工业精神的支撑。没有工业精神支撑的工业化，终究不过是水中月、镜中花。我国工业取得今天的伟大成就，也要归功于中华民族伟大的工业精神，像铁人王进喜、“两弹一星”、载人航天精神等。”[①]“工业文化是伴随工业化进程而形成的，是工业发展中物质文化、制度文化和精神文化的总和”[②]。

工匠精神是工业文化的重要组成部分，是我国工业化进程的重要支撑，是“中国制造”的“软内涵实力”之一，对其进行弘扬和培育，能丰富工业文化的核心内涵，逐步推动中国制造向中国智造转变，对未来我国的经济社会发展有深远

① 王新哲:《弘扬工业文化 建设制造强国》,《学习时报》2017 年 12 月 13 日,第 A2 版。

② 王新哲，孙星，罗民:《工业文化》,电子工业出版社,2016,第 40 页。

影响。2016 年 3 月 5 日，国务院总理李克强在政府工作报告中提到："鼓励企业开展个性化定制、柔性化生产，培育精益求精的工匠精神，增品种、提品质、创品牌。""工匠精神"一时之间成为热词。那么为何再提工匠精神？而工匠精神究竟又包含哪些内涵呢？

一、为何再提工匠精神？

《中国制造 2025》已开始实施，从制造大国发展成制造强国，企业是生产主体，产品和技术创新是关键一环。2019 年 3 月，李克强总理在介绍 2019 年政府工作任务时表示，要"围绕推动制造业高质量发展，强化工业基础和技术创新能力"，"强化质量基础支撑，推动标准与国际先进水平对接，提升产品和服务品质"。质量之魂，存于匠心。要大力弘扬工匠精神，厚植工匠文化，恪尽职业操守，崇尚精益求精，培育众多"中国工匠"，打造更多享誉世界的"中国品牌"，推动中国经济发展进入质量时代。

近年来，随着国家一系列支持"大众创业、万众创新"政策的出台，不少人走上了互联网创业的道路，诸如"众创空间"等创新创业平台也在蓬勃发展。"双创"时代更加需要工匠精神，青年创客只有沉得下心、坐得住"冷板凳"，才能真正做出匠心独运、经得起时间检验的"作品"。因为真正的"物美"背后倾注的是匠人的精益求精、执着坚守，真正的"物美"需要不断投入更多的研发和更精良的制造。而中国从来不乏"物美"的代表，自古就有"南有张小泉，中有曹正兴，北有王麻子"的说法。创建于 1663 年的"张小泉"，中国人用了几百年。

1628 年，张氏先祖迁居浙江杭州，凭借着祖传手艺辅以龙泉好钢，锻制出传世精品。清光绪年间，"张小泉"因品质卓越，获准成为清政府统治下的注册商标；到了民国时期，"张小泉"更是走出国门荣膺万国博览会大赏；如今"张小泉"剪刀锻制技艺已是国家级非物质文化遗产，传承着手工锻打与剪上刻花技艺，广受消费者的赞赏和好评。

良钢精作是"张小泉"品牌和企业文化的核心，坚持匠人精神是"张小泉"源远流长、基业长青的保障。

1956 年，毛主席在《加快手工业的社会主义改造》一文中特别指出："……提醒你们，手工业中许多好东西，不要搞掉了。王麻子、张小泉的刀剪一万年也不要搞掉。我们民族好的东西，搞掉了的，一定都要来一个恢复，而且要搞得更好一些。”这个指示在“张小泉”的发展史上具有里程碑式的意义。三百多年来，历代“张小泉”的继承者一直恪守“良钢精作”的祖训。

二、工匠精神的内涵

工匠精神，古今中外皆有。提到工匠精神，不少人很快会联想到很多匠人，比如一生只造5只表的哈里森、一心造汽车的卡尔·本茨、追求完美的稻盛和夫、用一生心血修本草的李时珍……正如《尚书·大禹谟》中所说：“人心惟危，道心惟微；惟精惟一，允执厥中。”工匠精神本质上就是古人所说的“精一”哲学。有企业家曾形象地解读新时代的工匠精神，将之形容为“一针捅破天”的决心，即在行业细分领域争取做到国内第一乃至世界第一。于是，“工匠精神”一词发展到现在，使用范围有所扩展，任何行业、任何人“精益求精、技臻至善”的精神，都可称为“工匠精神”。

工匠精神源自生产生活实践，从生产生活中来，到生产生活中去，绝不能脱离生产生活。从农业时代到电气时代、工业时代，再到快速发展的信息时代，随着时代的变化，工匠不再只是熟练掌握某些技艺的手艺人，工匠精神也不再只有鞠躬尽瘁、任劳任怨、埋头苦干的简单含义。正如《考工记》中所说：“知者创物，巧者述之，守之世，谓之工。”智慧的人创造新的事物，巧干的人传承坚守，世人称它为生产工艺。新时代的工匠是巧者，亦是智者；新时代的工匠精神应该既追求创造、创新又尊重科学、敬畏自然，既懂得慎独、执着坚守又能够优化整合、合作双赢，既追求产品极致又注重以人为本。

2015年5月1日，中央电视台推出了纪录片《大国工匠》，其中的宣纸高级技师周东红所捞晒出的宣纸，每张质量误差不超过1克，一直保持着宣纸成品率100%的记录，这一张张宣纸俨然成为精致的艺术品，而不仅是商品。工匠精神不仅体现着生产者对技艺和工艺流程精益求精的追求，而且彰显着他们如切如磋、如琢如磨的钻劲儿，这背后更有他们对事业和人生的敬畏之心。

工匠精神的内涵可概括为手艺工人对产品精雕细琢、追求极致的理念，即对生产的每道工序，对产品的每个细节，都精益求精、技臻至善。而工匠精神的外延则包括传统精神和时代精神，传统精神具体包括契约精神、勤业精神、协作精神，时代精神具体包括创新精神、创业精神、企业家精神，泛指以“精益求精、专注耐心、精业敬业、勇于创新”为核心的工匠职业素养。

三、工匠精神与高职教育

社会主义核心价值观是当代中国精神的集中体现，凝结着全体人民共同的价值追求。党的十八大以来，以习近平同志为核心的党中央高度重视社会主义核心价值观建设，采取了一系列重大举措弘扬社会主义核心价值观。培育和践行社会主义核心价值观，需要弘扬工匠精神，二者的精神实质一脉相承。目前，中国处于由“制造大国”向“制造强国”转型升级的关键期，高职教育作为培养高素质技能型人才的主要教育类型，应担当起传承工匠精神、创新工业文化的重任，发挥高校“文化育人”的作用，加强具有工匠精神特点的内涵建设，主动融入工业文化，建设凸显工业文化特征的高职校园文化；积极将工匠精神引入课堂，把工业文化纳入教育教学过程中。高职院校不仅要向学生传授知识与技能，为推进新型工业化提供技术支持，而且要在培养具有深厚工匠精神素养的劳动者、建设者的同时，创新、发展工业文化，为持续推进新型工业化做出应有的贡献。

“提升消费品品质，培育精益求精的工匠精神”，要以社会主义核心价值观为指导，按照教育要面向现代化、面向世界、面向未来的要求，适应我国从“制造大国”走向“制造强国”的现实需要，培养新时期的高素质技能人才。对中国的高职教育而言，弘扬和培育工业文化，将带来职业人才培养模式的巨大变革，逐步推动“中国制造”向“中国智造”转变，深远影响未来我国的经济社会发展。工匠精神是能够推动工业发展、提升生活品质、促进社会进步的精神。本书将以工匠精神的内涵为基础，从传统精神和时代精神的视角，通过契约精神、勤业精神、协作精神、创新精神、创业精神、企业家精神六个方面，以案例、选文为载体，深入浅出地解读工匠精神。

本书可作为高职院校学生的教材读本。第一章以“精益求精，行行出状元”为主题，展现了古今中外各行各业工匠们共同的态度、信仰和追求；第二章以“信守契约，传承工匠魂”为主题，解读了随工业社会发展而形成的时代契约精神；第三章以“以勤为先，铁杵磨成针”为主题，反映了不同民族、不同时代共同的价值观、道德观和精神风尚——勤业；第四章以“合作双赢，共筑中国梦”为主题，结合共推新型全球化的背景，展现了工业化时代中的分工与协作；第五章以“独具匠心，师古不泥古”为主题，揭示了一个国家和民族发展的不竭动力；第六章以

“雄心壮志，做中国创客”为主题，展示了个人、组织能持续创新成长的生命力；第七章以“匠心引导，做中国智造”为主题，揭示了企业行业发展和工业化进程的内在推动力。

第一章　精益求精，行行出状元

在多数人的眼中，工匠就是技艺高超的手艺人。但“工”更多地体现出的是职业操守；“匠”是从事某一职业并具有专项技能的人；“精神”则是思想层面上的专注力、态度与理念。这些人身上所具备的严谨、专注、敬业精神，被称为“工匠精神”。工匠精神，在德国被称为“劳动精神”，在美国被称为“职业精神”，在日本被称为“匠人精神”，在韩国被称为“达人精神”。工匠精神是国人自古及今绵延百代孜孜以求的。《说文解字》中有：“工，巧也，匠也，善其事也。”《诗经》中把对骨器、象牙、玉石进行加工形象地描述为“如切如磋”“如琢如磨”，还有《庄子》中的“庖丁解牛，技进乎道”、《尚书》中的“惟精惟一，允执厥中”，以及贾岛关于“推敲”的斟酌，都体现了古代中国的匠人精神。

真正的匠人，对工作有一种近乎痴迷的热爱。据统计，全球寿命超过 200 年的企业，日本有 3 146 家，德国有 837 家，荷兰有 222 家，法国有 196 家。这些长寿企业的出现绝非偶然，工匠精神在其中起着不可替代的作用。为什么长寿企业扎堆出现在这些国家，是偶然吗？它们长寿的秘诀是什么呢？是因为它们都在传承着工匠精神！

何为工匠精神？工匠精神就是工匠对自己的产品精雕细琢、精益求精的精神理念。纵观古今中外对工匠的描述，不外乎体现在如下三个方面。

第一，是“敬”。“敬”是工匠精神的厚土。因为敬畏所以严谨，古人云：“敬业者，专心致志以事其业也。”在任何岗位上如果没有敬业之心，就不可能兢兢业业、刻苦钻研，更不可能精益求精。任何高超手艺的获得都基于一个前提，就是对职业的热爱和敬畏，只有拥有这样的情怀和气质的优秀工匠才能在工作中取得一个又一个的成就和突破。

第二，是“精”。“精”是工匠精神永恒的追求。工匠最引以为傲的是他们精湛的手艺，唯有对制造的一丝不苟、对质量的精益求精、对完美的孜孜追求才能真正诠释匠人身上最纯粹的工匠精神。他们注重细节，追求完美和极致，不惜花费时间、精力，孜孜不倦，反复改进产品。一丝不苟，不投机取巧，对产品采用严格的检测标准，不达要求绝不轻易交货。精湛的技艺使得匠人成为自己领域的楷模。

第三，是“新”。“新”是工匠精神立命的根本。匠人在不断雕琢改善中追求产品的创新。这种创新是工匠根据自己常年积累的技术实践经验和对技术方法的思考，对前人的发明或技艺在使用的材料、工艺、设计以及生产流程等方面不断推陈出新、进行改良式的创造，不断提升产品和服务。真正的工匠在专业领域中绝对不会停止追求进步。

【非一般的工匠 非一般的人生】

工匠

有一位铁匠,铸铁技术一流。他铸造出来的工具得到了当地许多人的认可和赞赏。在士兵眼中,没有人比这位铁匠造出的武器更坚韧;在农民眼中,没有人比这位铁匠造出的犁具更耐用;在工匠眼中,没有人比这位铁匠造出的工具更结实、好用。

有一天,几个木匠来到铁匠铺,要求铁匠为他们每个人做一把最好的锤子,因为他们几个人打算结伴到邻村的一个包工头那里去做木匠活儿。“你们是要最好的铁锤吗?”铁匠问几个木匠,他们齐声回答道:“是啊,否则也不会花大价钱来你这里了。”铁匠听到回答笑了两声,然后说:“只要你们愿意出钱,我就保证给你们每个人做一把最好的锤子。”“听说那个包工头承包了一项非常大的工程,这一下可有你们几个人干的了。”铁匠边给他们打造锤子,边和他们聊天。“是啊,不过在我们开工之前,你可是要先忙活一阵子了。”回答的是一个嗓门很大的高个子木匠。

边聊天边工作,而且几个木匠还时不时地主动上来搭把手,几把铁锤在不知不觉中就做好了。几个木匠试了试果然十分好使,于是付过钱兴冲冲地走了。

几天之后,那位承包了大工程的包工头亲自找上门来要求铁匠定做几十把“最好的锤子”,而且特别强调,这次的铁锤一定要比前几天来过的那几位木匠手中的铁锤更好。他还表示,只要铁匠能够做出更好的锤子,他就愿意支付更多的钱。听完包工头说的话之后,铁匠笑了笑说道:“以我目前的技术不可能做出比他们手中的铁锤更好的铁锤了。”

包工头不以为然地说道:“他们一共才要几把铁锤,我要的数量可多得很。再说我支付的价钱一定比他们高得多,难道放着这么好的生意你不做吗?”

铁匠回答:“我当然愿意做这笔生意,可是当初我给他们做时已经尽我所能地做到了最好,现在不可能做出更好的铁锤了。其实无论给我多少钱,无论主顾是谁,凡是我接手的生意,我必定会尽我所能做到最好。也许在几年以后,随着我技术水平的提高,我会做出更好的工具,但是现在我真的做不了。”

听到铁匠的话包工头无话可说，但他决定仍旧在这里定做几十把“最好的铁锤”，而且决定以后但凡需要的工具都在这里定做。

选自:《工匠精神:让工作成为一种修行》，中国言实出版社，刘敏(编著)

贵在完美——寿司之神

在日本提到吃寿司,估计无人不晓这家位于东京银座、连续两年被评为米其林三星餐厅的寿司店——数寄屋桥次郎寿司店。

店主小野二郎现已九十四岁,他做寿司、思考寿司已经超过80年了,甚至连做梦都梦见寿司。他对寿司倾注的心力让无数顾客对他产生了敬意,因此被誉为日本的寿司之神。

从食材开始,小野二郎对寿司制作的每一个细节都力求完美。他每天早上都亲自去鱼市场挑选食材,过问所有细节;他在工作时间以外总是戴着手套,以保护他制作寿司的双手,甚至连睡觉都不曾摘下;为让徒弟制作出完美的蛋卷,他在徒弟失败几百次后才给予认可……与其说小野二郎是在做餐饮,不如说他是在料理店里修行。

所有环节都务必完美,这就是小野二郎对寿司的要求。难怪即使起价3万日元、即使要提前1个月预约、即使是只有10人座位的小店,这家寿司店里的食客也总是络绎不绝,每个吃过的人都忍不住感叹,这是“值得等待一生的寿司”。

【传工匠之魂 铸匠人之心】

庖丁解牛

庄周（先秦）

导语：一生只做一件事，看似简单无趣，但要真正做好就需心到、神到、手到，只有这样才能达到出神入化的境界。工作不仅仅是为赚钱，更是要树立一种对工作执着，对所做的事情、所制造的产品精益求精、精雕细琢的精神。

吾生也有涯，而知也无涯。以有涯随无涯，殆已！已而为知者，殆而已矣！为善无近名，为恶无近刑；缘督以为经，可以保身，可以全生，可以养亲，可以尽年。

庖丁为文惠君解牛，手之所触，肩之所倚，足之所履，膝之所踦，砉然向然，奏刀騞然，莫不中音。合于《桑林》之舞，乃中《经首》之会。

文惠君曰："嘻，善哉！技盖至此乎？"

庖丁释刀对曰："臣之所好者道也，进乎技矣。始臣之解牛之时，所见无非牛者。三年之后，未尝见全牛也；方今之时，臣以神遇而不以目视，官知止而神欲行。依乎天理，批大郤，导大窾，因其固然。技经肯綮之未尝，而况大軱乎！良庖岁更刀，割也；族庖月更刀，折也。今臣之刀十九年矣，所解数千牛矣，而刀刃若新发于硎。彼节者有间，而刀刃者无厚。以无厚入有间，恢恢乎其于游刃必有余地矣。是以十九年而刀刃若新发于硎。虽然，每至于族，吾见其难为，怵然为戒，视为止，行为迟，动刀甚微。謋然已解，如土委地。提刀而立，为之四顾，为之踌躇满志，善刀而藏之。"

文惠君曰："善哉！吾闻庖丁之言，得养生焉。"

选自：《庄子全集》，天地出版社，唐品（主编）

品　质

高尔斯华绥(英)

导语:《品质》写于1911年,作者描写了当时的英国社会,资本主义经济已经发展到一定程度,在这个物欲横流的社会中,人们追求享乐、时髦,世俗的眼光衡量一切的标准就是金钱和利益,但却丢掉了一些优秀的品质。

我很年轻时就认识他了,因为他承做我父亲的靴子。他和他哥哥合开一家店,有两间打通的铺面,开设在一条横街上——这条街现在已经不存在了,但是在那时,它却是坐落在伦敦西区的一条新式街道。

那家店具有朴素、安静的特色,门面上没有任何为王室服务的标记,只有包含他自己的日耳曼姓氏的“格斯拉兄弟”的招牌,橱窗里陈列着几双靴子。我还记得,要想说明橱窗里的那些靴子为什么老不更换,我总觉得很为难,因为他只接受订货,并不出售现成的靴子;要说那些都是他做得不合脚而被退回的靴子,那似乎是不可想象的。是不是他买了那些靴子做摆设的呢?这好像也不可思议。把那些不是自己亲手做的皮靴陈列在店里,他是决不能容忍的。而且,那几双靴子太美观了——有一双轻跳舞靴,细长到非言语所能形容的地步;那双带布口的漆皮靴,叫人看了舍不得离开;还有那双褐色的长筒马靴,闪着怪异的黑而亮的光辉,虽然是簇新的,但看起来好像已经穿了一百年了。只有亲眼看过靴子的灵魂的人才能做出那样的靴子——这些靴子体现了各种靴子的本质,确实是模范品。当然,我是在后来才有这种想法,不过在我大约十四岁那年,够格儿跟他定做成年人的靴子的时候,就对他们两兄弟的品格有了模糊的印象。因为从那时起一直到现在,我总觉得,做靴子——特别是做像他们所做的那样的靴子,简直是神妙的工艺。

我清楚地记得,有一天,我把小小的脚伸到他跟前,羞怯地问道:“格斯拉先生,做靴子是不是很难的事?”

他回答说:“这是一种手艺。”他红胡须下的嘴角露出了一丝微笑。

他有点儿像皮革制成的人:脸庞黄皱皱的,头发和胡子是微红和鬈曲的,双颊和嘴角间斜挂着一些皱纹,说话语气很单调,喉音很重。正如皮革是一种死板的物品，显得有点儿僵硬和迟钝。这正是他面孔的特征，只有蓝灰色的眼睛含蓄地传递着朴实、严肃的风度，表现出他对理想的迷恋。虽然他哥哥由于勤苦显得更瘦弱、更苍白，但是他们两兄弟仍然很相像，所以早年我只有到跟他们定完靴子的时候，才能确定他们到底谁是谁。后来我搞清楚了：如果没有说“我要问问我的弟弟”，那就是他；如果说了这句话，那就是他哥哥了。

不知怎么的，即使经常赊账的人，他也绝不会赊格斯拉兄弟俩的账。如果有人拖欠他几双——比如说两双以上靴子的钱款，还能心安理得地确信自己是他的主顾，走进他的店铺，把自己的脚伸到那蓝色的铁架眼镜底下，那未免有点儿太不应该了。

人们不会时常到他那里去定做靴子，因为他做的靴子非常禁穿，一时是穿不坏的——他好像把靴子的本质缝到靴子里去了。

人们走进他的店堂，不会像走进一般店铺那样怀着“请把我要买的东西拿来，让我走吧”的心情，而是心平气和地像走进教堂一样。来客坐在那把仅有的木椅上等候，因为他的店堂里时常是没有人来的。过一会儿，可以看到他或他哥哥从店堂二楼的楼梯口往下边张望——楼梯口黑洞洞的，同时透出沁人心脾的皮革气味。随后就可以听到一阵喘息声以及皮拖鞋踏在狭窄的木楼梯上发出的踢踏声。他来到来客的面前，上身没有穿外衣，背有点儿弯，腰间围着皮围裙，袖子往上卷起，眼睛眨动着——像刚从靴子梦中惊醒过来，又像是一只在日光下受了惊而感到不安的猫头鹰。

我说：“你好吗，格斯拉先生？你可以给我做一双俄国皮靴吗？”他一声不响地离开我，退回原来的地方或者店堂的另一边。这时，我就继续坐在木椅上休息，呼吸着皮革的香气。不久后，他回来了，干瘦多筋的手里拿着一张黄褐色皮革。他眼睛盯着皮革对我说：“多么美的一张皮革啊！”等我也赞美一番以后，他继续问道：“你什么时候要？”我回答说：“啊！你什么时候方便，我就什么时候要。”于是他说：“半个月以后，好不好？”如果答话的是他哥哥，就会说：“我要问问我的弟弟。”

然后我含糊地说：“谢谢你，再见吧，格斯拉先生。”他一边说“再见”，一边继续注视着手里的皮革。我向门口走的时候，就又听到他趿拉着皮拖鞋而发出的踢踏声，他又回到楼上做他的靴子梦了。

假如我要定做的是他没有替我做过的新式样的靴子，那他就要照手续办事了——叫我脱下旧靴子，把靴子拿在手里，以既爱护又挑剔的眼光注视着靴子，好像在回想他创造这双靴子时所付出的热情，又好像在责备我竟穿坏了他的杰作；随后，他把我的脚放在一张纸上，用铅笔在外沿描上两三次，接着用他敏感的手指来回地摸我的脚趾，像在想应如何满足我的要求。

有一天，我有机会跟他谈了一件事，我至今仍忘不了那一天。我对他说："格斯拉先生，你晓得吗，我穿着上一双靴子在城里散步时靴子咯吱咯吱地响了。"

他看了我一下，没有作声，好像在等着我撤回或重新考虑自己说的话，然后他说："那双靴子不该咯吱咯吱地响呀。"

"对不起，它响了。"

"你是不是在靴子还禁穿的时候把它弄湿了呢？"

"我想没有吧。"

他听了这些话以后，蹙蹙眉头，好像在搜寻对那双靴子的记忆。我提起的这件事情对他来说很严重，让他觉得很难过。

"把靴子送回来！"他说，"我想看一看。"

因为这双咯吱咯吱响的靴子，我内心涌起了对他的怜悯之情，我完全可以想象到他埋头细看那双靴子时历久不停的悲伤心情。

"有些靴子，"他慢慢地说，"做好的时候就是坏的。如果我不能把它修好，就不收这双靴子的工钱。"

有一次（也只有这一次），我穿着一双因为急需才在一家大公司买的靴子漫不经心地走进他的店铺。他接受了我的订货，但没有拿皮革给我看，我可以感觉到他的眼睛在细看我脚上的次等皮革。他最后说："那不是我做的靴子。"他的语调里没有愤怒，也没有悲哀，连鄙视的情绪都没有，不过却隐藏着可以冰冻血液的潜在因素。

为了讲究时髦，我左脚上的靴子有一处穿着让人很不舒服，他把手伸过去，用一个手指在那个地方压了一下。

"这里痛吧？"他说，"这些大公司真不顾体面，可耻！"接着，他好像有点儿沉不住气了，说了一连串挖苦的话。我听到他议论他职业上的情况和艰难，这是唯一的一次。

"他们把一切都垄断了，"他说，"他们利用广告而不是靠工作把一切都垄断了。我们热爱靴子，但是他们抢走了我们的生意。事到如今，我们很快就要失业了。生意一年年地惨淡下去，过后你会明白的。"我看看他满是褶皱的面孔，看到了我以前未曾注意到的东西——惨痛的对抗和奋斗——他的红胡子好像突然添了好多花白的须毛！

我尽一切可能向他说明我买这双倒霉靴子时的情况，但是他的面孔和声调给我留下了很深刻的印象，以至于在之后的几分钟里，我定了许多靴子。这下可糟了！这些靴子比以前定的还禁穿，差不多穿了两年，我也没想起到他那里去一趟。

后来，我再去他那里的时候，很惊奇地发现：他店铺外边的两个橱窗中的一个漆上了另外一个人的名字——也是个靴匠的名字，当然也是为王室服务的。那几双常见的旧靴子已经失去了孤高的气质，挤缩在单独的橱窗里。店铺已缩成了一小间，店堂的楼梯口比以前更黑暗、充满着更浓的皮革气味。我比平时等了更长的时间，才看到一张面孔向下边窥视，随后是一阵皮拖鞋的踢踏声。他来到我的面前，透过那副生了锈的铁架眼镜注视着我说：

"你是不是……先生？"

"啊！格斯拉先生！"我结结巴巴地说："你要晓得，你的靴子实在太结实了！看，这双还很像样儿呢！"我把脚向他伸过去，他看了看这双靴子。

"是的，"他说，"但人们好像不要结实的靴子了。"

为了避开他带责备的眼光和语调，我赶紧接着说："你的店铺怎么啦？"

他安静地回答说："开销太大了。你要做靴子吗？"

虽然我只需两双，但却向他定做了三双。我很快就离开了那里，我有一种难以描述的感觉，怕他把我看成对他存有恶意的人，也许不一定是跟他本人作对，而是跟他的靴子理想作对。我想，人们是不喜欢那样的感觉的。因为过了好几个月，我又到他的店铺去了，我记得，我去的时候心里有这样的感觉："啊！怎么啦，我撇不开这位老人，所以我就去了！也许会看到他哥哥呢！"

因为我晓得，他哥哥很老实，不至于在暗地里责备我。

我的心安了，在店堂里出现的正是他哥哥，他正在整理一张皮革。

"啊！格斯拉先生，"我说，"你好吗？"

他走到我的跟前，盯着我看。

"我过得很好，"他慢慢地说，"但是我哥哥死了。"

我这才看出来，我所遇到的正是他本人。但他多么苍老，多么消瘦啊！我以前从没听他提到他哥哥。我吃了一惊，所以喃喃地说：

"啊！我为你难过！"

"的确，"他回答说，"他是个好人，他会做好靴子，但是他死了。"他摸摸头顶,他的头发突然变得像他可怜的哥哥的头发一样稀薄了。“他失掉了另外一间铺面,心里老是想不开。你要做靴子吗?”他把手里的皮革举起来说,“这是一张美丽的皮革。”

我定做了几双靴子。过了很久,靴子才送到——但是这几双靴子比以前定做的更结实,简直穿不坏。不久以后,我到国外去了一趟。

过了一年多,我才回到伦敦。我所去的第一家店铺就是我的老朋友的店铺。我出国时,他六十岁,我回来时,他仿佛已经七十五岁了,显得衰老、瘦弱,不断地发抖,这一次,他并没有一下子就认出我。

“啊!格斯拉先生,”我说,“你做的靴子好极啦!看,我在国外时差不多一直穿着这双靴子,几乎都没有穿坏呀,是不是?”

他细看我这双俄国皮靴,看了很久,脸上似乎恢复了镇静的神色。

他把手放在靴面上说:

“这里还合脚吗?我记得,我费了很大劲儿才把这双靴子做好。”

我向他确切地说明:那双靴子非常合脚。

“你要做靴子吗?”他说,“我很快就可以做好,现在我的生意很清闲。”

我回答说:“劳神,劳神!我急需靴子——每种靴子都要!”

“我可以做时新的式样。你的脚恐怕长大了吧。”他非常迟缓地照我的脚形画了样子,又摸摸我的脚趾,抬头看着我说:

“我哥哥死了,我告诉过你没有?”

他变得衰老极了,看了实在叫人难过,我匆忙离开了那里。

我对这几双靴子并不存什么指望,但有一天晚上靴子送到了。我打开包裹,把四双靴子排成一排,然后一双一双地试穿这几双靴子。一点问题都没有,不论式样还是尺寸,加工还是皮革质量,这些靴子都是他给我做过的最好的。在那双到城里散步穿的靴子的靴口里,我发现了账单。单上所开的价钱与过去完全一样,我吓了一跳。他从来没有在四季结账日以前把账单开来。我飞快地跑下楼,填好一张支票,马上亲自把支票寄了出去。

一个星期以后,我走过那条街,想着该进去向他说明:他替我做的新靴子如何合脚。但是当我走近他的店铺的所在地时,发现他的姓氏不见了。橱窗里照样陈列着细长的轻跳舞靴、带布口的漆皮靴以及漆亮的长筒马靴。

我走了进去,心里很不舒服。在那两间门面的店堂里——现在两间门面又合二为一了——只有一个长着英国人面孔的年轻人。

“格斯拉先生在店里吗？”我问道。

他诧异的同时讨好地看了我一眼。

“不在，先生，”他说，“不在。但是我们很乐意为你服务。我们已经把这家店铺过户过来了。毫无疑问，你已经看到隔壁门上的名字了吧。我们为上等人做靴子。”

“是的，是的，”我说，“但是格斯拉先生呢？”

“啊！”他回答说，“死了！”

“死了？但是上星期三我才收到他给我做的靴子呀！”

“啊！”他说，“真是怪事。可怜的老头儿是饿死的。”

“慈悲的上帝啊！”

“慢性饥饿，医生是这样说的！你要晓得，他是这样做活儿的！他想把店铺撑下去，但是除了自己，他不让任何人碰他的靴子。他接了一份订单后，要费好长时间去做它。顾客可不愿等待呀。结果，他失去了所有的顾客。他老坐在那里，只管做呀做呀——我愿意代他说句话——在伦敦，没有一个人可以做出比他更好的皮靴，而且他还亲手做。好啦，这就是他的下场。照他的想法，你对他能有什么指望呢？”

“但是饿死——”

“这样说也许有点儿夸张，但是我知道，他从早到晚坐在那里做靴子，一直做到最后的时刻。你知道，我往往在旁边看着他。他从不让自己有吃饭的时间，店里从来不存一个便士。他把所有钱都用在房租和皮革上了。他怎么能活这么久，我也莫名其妙。他经常断炊。他是个怪人。但是他做了顶好的靴子。”

“是的，”我说，“他做了顶好的靴子。”

选自：https://www.21cnjy.com/yuwen/kewen/A90/16095/16099/17610/

老街剃家

刘建超

导语：当今社会大“家”盛行，究竟什么是大“家”？怎样的人才配被称为大“家”？希望通过下面的内容，我们能找到一些答案。

在老街，人们把一些手艺活儿做得精湛的人称为“家”。字写得好，被称为写家；戏唱得好，被称为唱家；头剃得好，被称为剃家。被称为“家”就是最高赞誉了，表明不仅手艺好，而且德行高。在老街东关开理发店的老陆就是个剃家。

写剃头匠的传奇的小说多了，但老陆却是个没有传奇故事的人。论长相，他普通得没有任何特点，扔到人堆里就找不着了。论身世，他从小在老街流浪，十几岁就跟着个剃头师傅打杂，师傅过世后，他接了理发店，平平淡淡。非要说出点绝活，那就是老陆左右手都会用剃刀、使推子，能给自己理发，这得有多么好的手感啊！

有一年夏天，老街的许多人都得了角膜炎，老陆也染上了。生意不能停，又不能传染客户，客户找上门来也不能怠慢。老陆就用毛巾捂着双眼，凭着经验和感觉给客户做活儿，发碴儿齐整，与平时的手艺没有什么两样，惊得客户啧啧称奇。剃家的名声由此传开。

老陆在老街开了几十年理发店，童叟无欺，随叫随到。有的客户半夜要外出进货，需要打理，就会去敲老陆的门。老陆屋里的灯就会亮起，他一丝不苟给客户理发、刮脸、梳洗干净，不多收一分钱。有时客户过意不去，多放下几块钱，老陆也会记在心里，下次这个人再来理发就不收钱。

老街的买卖更新换代快，理发的店铺没出几年就换了门面，大大的霓虹灯映衬着美发厅、发型设计中心、美发会所，门口站立着年轻人，发型古里古怪的，还染着各种颜色。

老陆的招牌没换。老街人，尤其是上了些年纪的人还是喜欢来老陆的店里理发、刮脸，他们还是愿意听理发推子咔嚓咔嚓的有质感的声音，还是享受剃刀在脸颊上游龙走蛇般舒坦的感觉。

老街人理发爱扎堆，越是人多越来凑热闹，在等候当中抽烟、喝茶，便能把老街近几天发生的奇人怪事数落一遍，评论一番。

临近过年，老街热闹起来，大商场、小店铺生意也都多了。

西大街的一家大商场忽然失火了，火光冲天，浓烟滚滚，几十号人逃生不及，在火烟中丧生。老街一下子就冷清了，被巨大的伤痛笼罩住了。

街道处理事故的人找了几家理发店，想请人去给过世的几十个人修面整容，打理干净了好让死者家里人来认领。给死人理发、梳头，没有一家理发店愿意干，这种晦气的事情是会影响生意的。

街道的人找到了老陆。

老陆闷头吧嗒吧嗒地抽烟。烟雾弥漫着，遮住了老陆没有表情的脸。

街道的人很着急，说价钱好商量、价钱好商量啊。

几个老客户说，老陆啊，你这招牌立起来几十年，能做成剃家可不容易啊。想好了，接了这趟活儿，你的店就开到头咯。老街人都讲究运气，谁还来你这店里找晦气啊。

老陆看看门店的招牌，说："死者为大啊！咱不能让这些不幸的人走了也憋憋屈屈的吧。"

老陆抽足烟，收拾好工具，说："走吧，做活儿。"

老街人后来说，当时夕阳西下，老陆离去的背影很是悲壮呢。

老陆跟随街道的人走进了一个大仓库，火灾遇难的人并排躺在地上。

老陆就从眼前的第一个人做起，烧热水、洗脸、洗头、修面、理发，一丝也不马虎。老陆把一个一个逝者抱在怀中，禁不住泪流满面，实在不忍观之，他索性闭着眼睛，用盲剃的技艺给逝去的生命细细打理，街道的人都禁不住比出敬佩的手势。所有的活计做停当了，老街迎来了第一缕曙光。老陆收拾好工具，推辞了街道的人递给的报酬，踉跄着走出了仓库。

老陆的事在老街流传着，人们敬佩老陆，可是却没有人愿意再来老陆的店里理发、刮脸了。

老陆索性关掉了店铺，摘掉了招牌，去丽景门下看看别人下棋，到茶馆里泡壶茶，听听戏。

老陆每次路过发廊，总是禁不住停下脚步，伸长脖子往店里瞅，看着年轻人在店里忙活儿，他的手就不由自主地活动着，仿佛手中还拿着理发推子。

春节过后，老陆不见了，老街的街头巷尾再也没人见到过老陆。

后来有人说,在新疆的某个牧场见到过老陆,老陆正兴高采烈地剪羊毛呢。

老街再无剃家。

选自:《小说选刊》,2016 年第 8 期

思考与拓展

一、今天还需要“庖丁解牛”这样的技艺吗？为什么？搜集一些体现中国古代匠人、匠心的事例，认真体会什么是工匠精神，我们应如何传承这种精神。

二、结合鞋匠格斯拉兄弟和老街剃家的故事，探究他们身上体现了怎样的匠人情怀，谈谈对他们的命运的看法。

三、对于德国人的“死板”你怎么看？说说你所了解的德国品牌。

四、随着时代的变迁，工业化取代了小作坊。老一辈匠人的精神我们如何传承？智能工业时代还需要工匠精神吗？

【匠心筑梦 成就人生】

1.《一生只做一件事:专注才能成功》

作者成毅,人民邮电出版社

推荐理由:很多工作本身并不难做,也不是人们不会做,但许多人就是做不好,原因何在? 就是因为不够专注。只有专注才能专业,只有专注才能造就成功。

2.《匠人精神:一流人才育成的30条法则》

作者秋山利辉,译者陈晓丽,中信出版集团

推荐理由:书中秋山利辉通过列举“秋山木工”的“匠人须知三十条”,阐释了其心目中一流人才培养的核心,即对一个人品格的重视远高于对其技术的要求。

3.《董明珠:中国工匠精神杰出代表》

作者刘志则、张吕清,北京联合出版公司

推荐理由:在互联时代、工匠精神时代,董明珠经过不懈的努力带领格力走到传统家电行业的前列后,并没有停止前进,一切只是开始,新的转型升级的号角已吹响,这是传统企业焕发新活力的宣言。

4.《摩托车修理店未来工作哲学》

作者马修·克劳福德,浙江人民出版社

推荐理由:本书的作者是拥有哲学博士学位的摩托车修理工,他认为大学是一张通往广阔未来的门票,但并不是通往美好生活的唯一道路。如果你有学习的天赋,并且愿意将时间花在钻研学问上,那么就带着工匠精神去上大学,深入地学习。你应该成为一位独立的工匠,而不是一个待在格子间里、在信息系统面前软弱无力的或低级别的“创造者”。

5.《褚时健:影响企业家的企业家》

作者先燕云、张赋宇,湖南文艺出版社

推荐理由:这是褚时健本人唯一授权的传记,记录了他从“烟王”到“橙王”的传奇而精彩的一生。带企业时把企业做大,种橙子时亲自上山种橙子,每一件在他手里的事都做到了极致,这还不能算是工匠精神的体现吗?

6.《生命不息，折腾不止》

作者罗永浩，天津人民出版社

推荐理由：从牛博网到老罗英语培训机构，再到锤子科技，罗永浩的每一次创业都给行业带来了惊喜。本书收录了罗永浩 2009—2014 年的“人生奋斗”经历，完整地展现了一个理想主义者所经历的世界。

第二章　信守契约，传承工匠魂

“航海大发现后做生意，水手为了发财铤而走险，一艘船出去了，什么时候回来都不知道，他们之间的关系既不是血缘也不是地缘，是靠什么连在一起呢？我想就是规矩，就是契约精神。大家可以相互不熟悉，但大家都遵守规矩，签订契约。规矩未必都是合理的，但是都要遵守。这样交易成本才低，建立的伙伴关系才牢靠。”

——王石《我所理解的工匠精神》

王石在演讲中提到的契约精神的背景是大航海时期的海上贸易。那时一艘商船开出去，船上装的是别人的货物，船长的钱袋里是别人委托他买货的银币。至于船什么时候回来，能不能回来人们全然不知。但对船长和船员的信任使人们甘冒风险，期待收获。商品贸易是契约精神发展的基础，也是当今世界存在和交流的最主要的方式。在重视资信、商品制造全球化的今天，保证商品品质、降低交易成本、寻求交易安全的最主要的方式仍是订立契约、遵守契约。工匠精神的传承和发展离不开契约精神。

什么是契约？什么是契约精神？

“契约”是为数不多的、起源很早的、在历史的演变中不断被赋予新内涵的词。有人说：“契约”一词内涵的演变史也是人类文明的进化史。理解契约，首先从溯源开始。

一、契约溯源

“契约”一词语出拉丁文，意为“交易”或“交换”。《现代汉语词典》将契约解释为“证明买卖、抵押、租赁等关系的文书”，这个理解将契约等同于合同文书，有失偏颇。人类社会早期的交易主要是物物交换，故早期的契约更倾向于指交换的方式（形式和过程），也指证明交换的信物，如中国的质契。

但契约最本质的意思是交易的双方（或多方）建立在自愿、互惠的基础上的，为了共赢而相互妥协的约定，且约定形成后必须按约履行。契约的参与方在交易时有选择、权衡的自由，一旦选择了，则无论刮风下雨、天塌地陷，都应信守约定，是为诚信。所以，无自由，不契约；无互惠，不契约；无诚信，更不契约。

由于商品交易的发展程度不同，欧洲文明在契约的研究上比我国更系统、细致、深入。古希腊雅典时期的哲学家们很早就开始思考如下问题。

一个以 5 毛钱买进的苹果期待出售价是 1 元，最后可能以 6 毛、7 毛、8 毛、9 毛或者更高、更低的价格成交，这背后的行为动力是什么？社会机制是什么？

在之后的人类历史中，这种研究从商品交易领域扩展到社会生活的各个方面，形成了一条清晰、宏大的发展脉络，不断丰富着“契约”一词的内涵。

首先应当提到的是古希腊哲学家亚里士多德。他在思考和解释人类的交易行为的过程中提出了“交换正义”的概念——“不得损人利己”是交易行为的基本原则，意即诚信。

此后，契约的概念被运用到法律的范畴，在罗马时代，契约成为最重要的法律术语（现在仍然非常重要，以至于很多人以为契约就是法律术语）。

18 世纪，法国思想家让 - 雅克·卢梭将契约引入社会和政治领域，提出了社会契约论。他认为，优良的社会秩序是一切权利的基础，但秩序并非来源于自然，而是来源于人类共同的原始、朴素的约定。每一个社会成员都放弃自身的“自然权利”以换取法律之下的新权利，是为国家。国家与公权力根源于人们缔结的社会契约。卢梭的社会契约论被认为是现代民主国家的奠基理论。

为什么历史上有这么多人投身于契约这样一个概念的研究呢？也许中世纪的经院哲学家阿奎那的经典论述可以解释，“人天生有了解上帝的真相的自然欲望，即驱使人避免无知的倾向”，“人希望过社会生活，因此人具有避免伤害一起生活的人的自然倾向”。

探寻真相，努力让身边的世界变得更美好，数千年来，也许正是这样的群体欲望（或称价值观）让人类在历经各种灾难之后仍然可以砥砺前行。

20 世纪，契约的内涵有了新的突破，美国著名心理学家施恩（E. H. Schein）教授提出了“心理契约”理论，将契约的原理运用到对雇主和劳工的关系的讨论中。该理论认为：所谓心理契约，是个人将有所奉献与组织欲望有所获取之间，以及组织将针对个人期望收获而有所提供的一种配合[①]。通俗地说，就是企业和

① E.H. 施恩：《职业的有效管理》，仇海清译，生活·读书·新知三联书店，1992。

它的员工之间互有美好的期望且指望对方诚信。心理契约虽然不能以书面形式订立,但它确实发挥着有形契约的影响。例如,在“美好的企业”,员工通过努力就可以获得一份有工资、福利和升迁机会的工作,企业则可以获得员工的努力和忠诚。

二、工匠时代的契约精神

社会契约、心理契约以及本书未涉及的其他大量的契约理论共同构成了契约内涵的发展史。这段历史的实质是对契约的本源意思在不同社会领域的应用扩展研究史。无论在哪个领域,契约的内涵都表现为通过相互间自由协商、约定,协调各方利益,形成最大合意,并努力使合意实现。这种内涵用一个词表达就是诚信,诚信就是最根本的契约精神。

人类对美好、安全、有序的生活的期盼,使契约精神被引入社会生活的各个领域。交易要诚信,买入卖出要公平;恋爱要诚信,爱与不爱都应干净、明确,情感的付出要双向;和朋友、同事相处要诚信,应彼此尊重并怀有善意……契约精神早就超越了原始的双方通过协商达成合意这一本源含义,上升为人类社会普遍适用的价值观,是人类文明存在的伦理基础之一。信守契约的行为是善,应该赞美和鼓励;违反契约的行为是恶,应该批判甚至受到严肃的处罚。因为违反契约不仅背叛了订立契约的对方,背叛了自己,而且是对文明社会的基础价值理论的挑战。(你可以想象出生活在一个人人都说话不算数的世界里吗?)

具体到工匠精神的范畴,契约精神的本质仍是诚信。传统的优秀工匠是诚信的,他们往往是潜藏于民间的艺术家,或单打独斗,或以小作坊的形式共生,在远离俗世喧嚣的地方孤独探索、卓绝努力,将自己的心血和生活注入作品,尽最大努力创造出一件件超凡绝俗的作品。他们的诚信体现在对早已湮没的无名之人“努力完成”的允诺上;他们的诚信也体现在内心对作品品质“不可一丝不完美”的苛求上。小到越王剑、金缕袍、供春壶,大到赵州桥、无梁殿、颐和园,任何一件艺术精品都是艺术匠师呕心沥血、卓绝辛苦的结晶。他们以自己的诚信最大限度地宣示并传承着人类的荣耀。

这种内心的诚信是对工匠的约束,也是人类最值得传承的宝贵财富。今天最好的工匠一定也是内心有诚信、自我有约束的劳动者。无论外界环境如何,创造出最好的作品都是工匠骨子里的追求,工匠自己的标尺比任何外力的监督都更强大、更严苛。

然而不可否认的是，今天的工业环境不同于以往的任何历史阶段，今天讲的契约精神或诚信也增加了新的内涵。跨国公司和全球物流运输的发展使一件产品不再是由独立的个体完成，而是由数十个甚至成百上千个不曾谋面的个人、企业分别完成。一个人甚至一群人的努力已不足以决定产品的品质，需要很多人、很多环节的共同努力。据说一部小米手机有 900 多个零件，其中 50% 的零件供应商在国外，产品销往数十个国家。任何一个零件的失误都足以决定一部小米手机的命运。又比如，宜家著名的方桌 LACK 的板材可能来自俄罗斯的杉树林，且在当地加工成规定的大小；然后这些加工好的板材会被安放在芬兰制造的包装盒里，运到某个人工低廉的地方，在特定尺寸的流水线上处理、喷漆；支撑桌面的四条腿也许来自某个热带雨林地区的速生林；桌面和桌腿需要通过中国宁波制造的金属扣件连接在一起，桌面和桌腿上的安装孔都是事先预留的。顾客从全世界任何一个宜家专卖店拉回来这样一堆来自五湖四海的零件后，就可以在家里看着说明书，自己安装一个在全世界风行了几十年的方桌了。无法想象装配的时候如果发现俄罗斯的板材短了 1 厘米；如果负责打孔的师傅不喜欢单一的圆孔形状，打了个长方形孔；如果一条腿比别的桌腿短了 1 厘米……这样的体验足以让一个人从此远离宜家。严格按规定、按合同生产产品，从没有像今天这样重要。

另外一方面，大量产品并非横空出世，而是建立在其他人、其他企业研发的基础上。例如，华为 P10 借用了徕卡的摄像技术，中国的高速铁路取经于日本的新干线和西门子的磁悬浮……技术传承的例子数不胜数，知识产权保护是新时代契约的重要内容之一。

在倡导工匠精神的今天，在全球化的背景下，可以大致从以下角度理解契约精神。

（1）契约精神是内在的诚信，它使匠人发自内心地追求产品的完美。

（2）契约精神是对规则的认同，它促使匠人严格按照规定生产产品，无论尺寸、形状、光泽度、颜色、性能……个人的喜恶被主动忽略。

（3）契约精神是企业和员工之间的相互忠诚，员工的努力可以期待企业的眷顾和保证。

（4）契约精神是对知识和劳动的尊重，是对知识产权的高度认同。

（5）契约精神建立在契约能力的提升上，要学会订立契约，用契约明确合作方的权利、义务关系，用契约保护自己。

以下案例和选文，或有关对契约的理解，或有关契约的实现，或有关对契约精神的争论。文章的观点无所谓正确、错误，只是提供了一个认识、思考“契约”的角度。

欢迎进入“契约”世界。

炮制虽繁,必不敢省人工

导语:说来容易做来难,在世风不古、人心浮躁的环境里,坚持契约精神不仅要有认识,而且要有方法和手段。这些年,我国中药行业饱受诟骂,几有存废之危。百年同仁堂,店里有联:品味虽贵,必不敢减物力;炮制虽繁,必不敢省人工。博物馆墙上有字:以性命保证药品质量。在生产流水线大行其道的今天,百年同仁堂药材品质的选择标准仍是地道、上等、纯洁,药品的炮制仍沿用古法、古训。工匠的契约精神并不仅体现在工业品的制作上,也是对认真、严谨、守约、诚信的态度的总结。下面我们通过一些同仁堂的小故事,来感受一下契约精神的无处不在。

北京同仁堂有300多年的历史了,曾为8个皇帝供奉御药188年。安宫牛黄丸、牛黄解毒丸、乌鸡白凤丸、六味地黄丸……历经数百年,享誉在人间。同仁堂的名字就是中药品质的保证。

中药的功夫,一在原料,二在炮制。

同仁堂有自己独特的采购原则:“取其地,采其时。”讲究的就是地道二字:人参用东北吉林的,蜂蜜用河北兴隆的,白芍用浙江东阳的,大黄用青海西宁的,山药必须是河南的光山药,枸杞必用宁夏所产。处方规定用16头人参,就绝不能用32头人参代替。

不仅如此,同仁堂还培养了一批自己的工匠,经他们的手选出来的药材就是品质的保证。

卢广荣16岁进同仁堂,跟着师傅几十年学细药分辨。一斤细药,少则几万元,多则几十万元,经她的手入药,看闻摸尝,绝没有半分差错。库房进麝香的时候,她都打开箱子一点一点看、反反复复闻:这是西藏的,这是四川的,这是甘肃的,这是青海的,全给分出来。某次,一个单位送来200多千克鹿茸,说所有货都已验过,确系一等品,请老药师抽检。卢药师一丝不苟地把货通检了一遍,查出逾1千克没达到一等品等级的鹿茸。

炮制是同仁堂的绝活儿。

中药的特性导致了中药的制作在很大程度上是一个良心活儿。由于这一特点，同仁堂新入门的徒弟都得记住古训：“修合无人见，存心有天知。”就是说必须自律。

黄连要一根根地去除须根；远志要人工去除有副作用的苦芯；筛药只能用80目的箩……

紫雪丹是同仁堂的传统名药。古配方说“炮制紫雪要用金锅银铲”。对这个苛刻的要求，多数商家都睁一只眼闭一只眼，因为即使在炮制紫雪的过程中使用了金锅银铲也不会有人知道。但同仁堂人没有忘记祖宗的家训，始终坚持使用金锅银铲。八国联军进北京的时候，全城混乱，同仁堂的金锅银铲也被抢了，可是为了保证药效，古法不能改啊！于是当时的东家想了一个变通的办法，把家里连男带女的金银首饰都收了上来，放在锅里跟药一块儿熬，让金、银元素入药，以保证药效。

同仁堂做阿胶，要求原料必须是整张驴皮，把头尾边角剪掉，剩下的中间部分才能用。

同仁堂的良心还表现在它的社会责任感上。在1988年上海“甲肝”流行之际，同仁堂的职工昼夜加班赶制了180万袋板蓝根，并派专人专车送往疫区；2003年“非典”肆虐京城，同仁堂挺身而出，毅然拿出1000万元平定中药市场价格，并保证药价不涨，当年累计向市民提供“非典”药和瓶装代煎液300万服，满足了近100万人次的用药需求，自己却承担了近700万元的损失。

三一重工状告美国总统

导语:在契约的时代,用契约说话。强调契约精神,不仅要尊重自己订下的契约,而且要学会用契约自我保护,在这条路上,三一重工是成功的先行者。

重视契约,敬畏法律,尊重司法,相信法律的力量。三一重工是这么说的,也是这么做的。

2010 年,三一集团进军美国风电领域,在美国注册成立了罗尔斯公司。2012 年,罗尔斯公司收购了美国俄勒冈州的四座风力发电厂。7 月,该项目被美国海外投资委员会以国家安全为由叫停。9 月 28 日,美国总统奥巴马签发总统令,以涉嫌威胁美国国家安全为由,要求罗尔斯公司在 14 天之内撤走全部资产和设备,且规定仅能由美国人进入场地完成工作,同时要求罗尔斯公司在 90 天之内从这四个风力发电项目中撤出全部投资。

3 天后,也就是 2012 年 10 月 1 日,罗尔斯公司向美国哥伦比亚特区联邦地方分区法院递交诉状,要求法院判美国海外投资委员会越权裁决、违反程序法,美国总统的命令越权,应给予罗尔斯公司应有的程序、正义及平等。

将美国总统告上法庭,这在国际法律界还是第一次,引起了广泛的社会关注,但法律的隔阂使诉讼非常艰难。

2014 年 7 月 16 日,美国哥伦比亚特区联邦巡回上诉法院认为,奥巴马政府在以威胁美国国家安全为由禁止中资公司在美投资的风电项目时,侵犯了罗尔斯公司的合法权益,剥夺了法律赋予其的正当程序权,要求奥巴马政府披露其剥夺罗尔斯公司的财产的理由。

尽管这不是公司期待的实质性胜利,但已经意味着三一集团成为首个胜诉美国总统的中资企业。这场官司被三一人定义为名誉之战:“我们期待进一步维护罗尔斯公司的正当权利。”

三一集团在海外运用法律维权,这不是唯一的一次。

2009 年 10 月 23 日,英国伦敦高等法院裁定,驳回戴姆勒奔驰公司有关三一商标侵犯其三叉星商标的诉讼,三一与奔驰的商标之战取得了实质性胜利。这个案件是中国在国际知识产权案中获得胜诉的为数不多的典型案例。

2015 年 4 月，美国国际贸易委员会裁决：美国马尼托瓦克公司对三一重工履带起重机侵犯该公司两项专利的指控均不成立。三一重工在美国的司法维权第一次获得实质性胜利。

大众作弊被抓住了
——一个典型的现代工业失信案例

导语：大品牌有更大的动力和更强的能力树立自己的诚信形象，值得信任是厂家和消费者之间默示的契约内容。当然大品牌也有手段更高明的作弊能力，更难被抓住。可一旦被抓住，造成的损失之巨大不可估量。是选择重惩背信的企业，还是轻掌一鞭，再给它一次机会？这是一个值得思考的问题。

2015 年 9 月，美国联邦及加州监管机构称，大众、奥迪等公司对其生产的柴油汽车通过软件操控，使排放物比实际清洁。这种软件只有在车辆被测试时才自动开启控制，因此车辆在实验室或测试站的测试结果符合排放标准，但在正常驾驶期间，氮氧化物含量高达标准的 40 倍。大众立刻承认了这一行为，并表示愿意配合调查。大众汽车一直是德国制造的世界名片。这次事件影响了德国汽车工业的声誉，特别是大众汽车的名誉。

消息发布后，大众的股价第一日跌幅超过 20%，年内跌幅增大至 25%。这也导致了欧股中的汽车股（指）大跌：法国标致雪铁龙大跌 8.8%，德国戴姆勒收跌 7%，意大利菲亚特克莱斯勒收跌 6.2%。

大众汽车表示，该公司的柴油车排放数据违规事件扩大到全球 1100 万台汽车，迫使公司三季度拨备 65 亿欧元（73 亿美元）用于各项可能产生的成本。

这不仅是大众汽车在美国的问题，全球的监管部门都在调查，未来可能有无穷无尽的罚款。该公司仅在美国就可能面临多达 180 亿美元的罚款。

数天后，大众汽车 CEO 马丁·文德恩宣布辞职。

他在大众汽车公司发表的告别声明中称，“大众汽车需要一个全新的开始，在人事方面也是，我以自己的辞职来为这个全新的开始扫清道路。”

【传工匠之魂 铸匠人之心】
全球契约

导语：1995 年，时任联合国秘书长的科菲·安南提出了“社会规则”“全球契约”（Global Compact）的设想；1999 年 1 月，在达沃斯世界经济论坛年会上，安南正式提出了“全球契约”计划，并于 2000 年 7 月在联合国总部正式启动。

据报道，全球 500 强企业中有 188 家加入了全球契约，我国有 200 多名企业会员。

“全球契约”计划旨在号召各公司遵守人权、劳工标准、环境及反贪污方面的十项基本原则。它在经济全球化、世界地球村的背景下提出，强调企业的社会责任。

全球契约

一、人权方面

1. 企业应该尊重和维护国际公认的各项人权；

2. 绝不能有任何漠视与践踏人权的行为。

二、劳工标准

1. 企业应该维护结社自由，承认劳资集体谈判的权利；

2. 彻底消除各种形式的强制性劳动；

3. 消除雇用童工现象；

4. 杜绝任何用工与行业方面的歧视行为。

三、环境方面

1. 企业应对环境挑战未雨绸缪；

2. 主动增加所承担的环保责任；

3. 鼓励无害环境技术的发展与推广。

四、反贪污方面

企业应反对各种形式的贪污，包括敲诈、勒索和行贿受贿。

匠人心，刀剑梦

邱杨

导语："我们复制的不是简单的工艺美术品，尺寸、重量、工艺、材料都力求与历史一模一样，不徒有其表，这才是我们复制的根本。""淬火必须在晚上，为的是看清楚铁有没有烧透。古时候没有温度计，只能靠经验目测，只有在晚上才能看清楚铁的透明程度。""烧透了的铁不是很亮，非常温润，像玉一样通透，深浅纹理很清晰。"三个生活在成都的中年男人想造出和古代一模一样的兵器，除了内心的热爱和坚守，没有别的解释了。他们一一和自己订了一个契约。

蓉城深处，宽窄巷旁，溪山工作室隐匿于此。推开工作室厚重的木门，乾隆贯霄剑、金刚杵法剑、唐金银平脱横剑、乾隆御用阅兵大刀……这些在历史的长河中威名显赫的刀剑静谧地躺在展室两侧，在柔和的灯光的映衬下闪耀着鎏金光芒。

"你看这把明永乐剑，"龚剑指着剑鞘纹饰的细微处耐心讲解，"它代表了中国明朝时期金属工艺的最高水平。"细看之下，只见剑鞘上用梵文雕刻着"神圣之剑"，梵文与下方的莲花、周围的多层纹饰形成了四层不同高差，而这般精巧的雕工竟集中在指甲盖儿大小的方寸之地。

说起这些耗费了数年心力、精心复制出来的刀剑，龚剑和李永开便根本停不下来，一如天真烂漫的孩子骄傲地分享着自己钟爱的玩具。说至兴起，一旁略显腼腆的何伦涛不时地随着李永开极富感染力的模仿默默微笑。这三个性格迥异的中年男人成立了一家溪山传统文化机构，并提出了一个远大的目标——采用传统古法系统地复制中国古代刀剑，建立从两汉两晋南北朝、隋唐五代直至宋元明清的完整刀剑谱系。

这是一个有雄心的复制工程。"我们选择的是历史上真实存在的最典型的刀剑，它们代表了当时工艺的最高水平。"李永开说，"我们复制的不是简单的工艺美术品，尺寸、重量、工艺、材料都力求与历史一模一样，不徒有其表，这才是我们复制的根本。"他们要把散落在历史角落的技艺片段像珍珠一样一颗颗找出来，串成串呈现在世人面前。"告诉人们历史真正的状态是什么样的。"

刚一开始，在没有任何现成的经验可供参考的情况下，三人最先想到的是博物馆。“既然是中国传统刀剑,我们便想当然地认为在国内的博物馆就能找到。”但事实并非如此。为了亲眼看到当年明朝政府将努尔哈赤册封为龙虎将军所赐的宝剑和努尔哈赤御用的宝刀,龚剑早上 5 点就起床从成都飞往沈阳。“结果到展厅一看,这两件最重要的藏品,博物馆竟然用石膏做了替代品展览,你能想象得出用石膏做的刀剑有多粗糙吗?!”龚剑气得连头一天晚上吃的饭都想吐出来。他径自跑去办公室打听有没有可以购买的图册资料,却被对方一句冷冷的“我们不对外”给挡了回来。“实在没办法,情急之下只能买了几张纪念明信片,上面有两张小图。”

许多顶级刀剑的原物已流失海外,散落在日本、英国、美国等地的各大博物馆。在与这些博物馆沟通时,他们得到了截然不同的对待。明永乐剑代表了明代金属工艺的最高水平,原物藏于英国利兹皇家军械博物馆。决定复制明永乐剑后,龚剑给英国利兹皇家军械博物馆写了一封邮件。“回信很快,说可以为我们把实物取下来拍照,但要付一定的费用。”用信用卡支付了 600 英镑后,对方很快就拍了两张样片寄过来,让我们看是否符合要求。“每张图片都有 20 多兆,拍的时候实物下方摆放着色标卡和尺子,非常专业。”博物馆随后寄来一张容量为 10 GB 的光盘,还有馆长的回信。“我们在之前的邮件中分享了对永乐剑的认知,这位馆长也研究了永乐剑多年,他异常高兴,直接把研究论文发过来跟我们探讨。”这让龚剑非常感动,“我们只是几个异国的民间爱好者,他却以这样专业的态度相待。”

要想把刀剑的器形摸准,除了博物馆的图片和资料,还得花钱买保有重要历史信息的实物残器。“博物馆的展品我们只可远观,掌握不了它的实际触感,只有真正抚摸之后才能感受到器物的质感。”为此,李永开投入了大量资金购买残剑残片。“唐代以前的刀鞘在做完木具后外面裹一层绢,再髹漆,绢作为木和漆之间的黏合剂,这样制作出来的漆鞘放置千年都不会裂开。这种裹绢法在古籍中有记载,但很少有人知道实物是怎么回事。我们把一些残剑剖开观察,才一点点地把裹绢法琢磨了出来。”

完成资料搜集后,便进入了制图阶段。李永开的美术功底最好,这个重任便落在了他肩上。为了精确,他以毫米为单位画出平立剖面图,层层分解。打造一把剑往往需要二三十张工程图纸,小尺寸甚至精确到 0.5 毫米。李永开常常边画边骂,因为没想到工作量如此巨大。为了分担压力,龚剑也开始学着画图,现在他已经可以独立绘制图纸和使用设计软件了。

制图的技巧并不难，他们耗费了大量时间和精力在讨论与质疑上。“一个鞘面可能有无数条曲线的变化，我认为这样才好看，他认为那样才合理。一个新的线索来了，又马上否定了我们刚才的想法。”他们之间经常争论，甚至高声吼对方，恶言相向。李永开感慨，当一件事不能在短时间内带来价值和成效，而只有无休止的投入时，便会无数次萌生出打退堂鼓的念头。

好不容易在争论中把图纸敲定下来，接下来要把平面的图纸转化成立体的实物，这个过程远比想象中艰难。锻造、淬火、木作、髹漆、簪刻、鎏金、研磨、装具、修饰，在这个极复杂的系统工程中，处女座的李永开和天蝎座的龚剑对每一步、每个细节都严格要求，“这关乎荣誉”。

首先，材料的选用就精益求精。朱砂一定要用辰州的；木炭是真正的青杠炭；土漆来自四川南江县贵民关一带或贵州大方县，这里的土漆干燥快，硬如铁，用指甲使劲划也划不出痕迹；木料则用四川地区特有的金丝楠，它能散发出独特的香味；锻造刀条最重要的铁用的都是从明清的农具或建筑上收集来的老铁构件。

传统的刀条对锻造与淬火要求极高。每年开春后阳气上升的时节才开一次炉，炼一批刀条。“淬火必须在晚上，为的是看清楚铁有没有烧透。古时候没有温度计，只能靠经验目测，只有在晚上才能看清楚铁的透明程度。”“烧透了的铁不是很亮，非常温润，像玉一样通透，深浅纹理很清晰。”李永开和龚剑完全遵照古法，一年的刀剑产量不过二三十把。选择其中最好的留下来，剩下的都报废了。由于是手工制作，报废率很高，一开始十把里能用的顶多有两三把，现在能到七八把。刀条在锻造、淬火的过程中看不出来有没有问题，只有在研磨过后才能发觉。“遇到有瑕疵的刀条就很头疼，要还是不要，反复纠结。”

髹漆也是极关键的一步。“说到土漆，我们之前很恐惧。因为土漆的生漆在挥发过程中产生的漆酚可能造成皮肤过敏。一旦过敏，全身上下会起红色丘疹，甚至化脓，奇痒难忍，任何抗过敏药都无法医治。”幸运的是，他们三人和其他工人都没有过敏反应，“好像天生就是干这个的”。土漆的神奇之处在于干燥需要特定的温度和湿度，如果掌握不好，刷上去的土漆哪怕过一二十年也不会干；如果温度、湿度和空气流动配合得恰到好处，上午刷的土漆下午就干了。他们三人进行了无数次尝试，终于摸索出了一套处理土漆的工艺和方法。

对并不显眼的配件，李永开也绝不降低要求。“我们曾经尝试寻找丝绦成品的供应商，从淘宝上找了 50 多家，但买回来的丝带都惨不忍睹。”李永开说。我们现在称之为“绳子”或“带子”,在唐代称之为“组纽”,专门用于编制各种复杂的丝绦、丝带和绳子、绶带,“而今天这些东西我们只能到日本去定做”。

细节抠得越细致,越接近真相。他们三人在反复折腾中逐渐摸索出方法和标准,并形成了体系。他们的“吹毛求疵”获得了回报,最终复制出来的刀剑与原物相比差异只有十几克、几毫米。

第一批刀剑复制完成后,他们具备了更多的可能性。龚剑说他们现在正在尝试用传统技艺孵化生活器具,比如杯碟碗盏、茶具等。“让传统技艺进入你的生活,借生活器具与你产生纽带和情感。这是我们的未来之路。”他们的所有研究成果都以文本、影像的方式记录留存了下来,目的是将所有技艺和成果毫无保留地向社会开放。

“三五十年后,如果有好事者无意中发现了这些书,哪怕只有一个人生出了自己试一试的念头,之于我们就是快乐的。”李永开满足地说。

选自:《北方人》,2015 年第 11 期,有删改

中国企业家最缺少的是契约精神

王石

导语：有大量文章批评中国人天然缺少契约精神，因为两千多年自给自足的小农经济形成的是以宗法制度为主的熟人社会，宗族制度和礼法是社会秩序的主要维护力量，契约没有生存的空间。关于工匠精神，王石讲了两件事，一件关乎契约，一件关于匠心的努力和社会责任。希望王石的观点是个引子，引领我们思考中国社会的契约精神。

在万科的时候，我一直坚持公司的制度化建设，坚持公司治理结构的持续优化，这在那时是不多见的。这次到美国，在这方面我又有了一些新的体会。

我在不同的场合表述过，现代企业制度是借鉴西方的，东方文明中没有这个东西，现代企业制度很重要的一个基石就是契约精神，契约精神需要以法律制度为前提，这些都是中国文化和亚洲文明比较缺失的。

将中国企业的现状、中国企业家的弱点和西方企业精神、西方企业家对比，我觉得中国最缺少的是契约精神。

实际上中国是不缺少诚信的，仁义礼智信最后就归到信上，信讲的是信任、信用，这个是不缺少的，为什么说现在缺少？因为这里讲的信任和西方讲的企业家精神的信任是不一样的。

西方企业家精神的信任指的是什么呢？是在契约精神、法律框架下可以追诉、处罚的信任。而中国的信任建立在血缘、地缘这样的关系上，没有法律框架，更没有宗法制度。信任自己的血缘、信任自己的家族，他有血缘、地缘的一种信任，是农业文明的一种，这种信任是很脆弱的，离开了相应的圈子就不行。

契约精神我们了解与否不重要，关键在于我们要在法律框架下签订合同，签订了合同就要去执行。中国的企业发展到现在还是缺少契约精神这样的信任。现在是全球化的时代，中国的企业应该把西方的契约精神贯彻于企业的始终。

看中国近代，你会发现晋商也好、徽商也好，都有过非常辉煌的时期，也出过非常知名的人物。谈到晋商的票号，你会发现和现代金融和银行业非常接近。其维系靠的是血缘地缘、师傅徒弟的信任关系，而不是契约。

比如东家觉得总管不大可靠,要把他辞了,总管没吭气,东家就纳闷,他怎么没有一点儿反应。后来发现总管不来上班也不来站柜台,听说他病了,就以探病的名义到他家看,发现他正在写信,问他写这个干吗,他说要把各地的伙计全辞了,因为东家不用他了,这一下把东家吓得领着全家给他下跪。

基于这样的信任关系,企业怎么能长期延续下去?现在的企业制度建立的信任关系完全是职业经理精神,今天这个人走了,明天换人企业照样运转,没有影响。我们国家现在的情况跟100年前的日本非常像,日本有太多值得我们学习的东西。我有这么一个观点,如果中国不能认真地研究日本、学习日本,对日本没什么损失,对我们却是个巨大的损失。

日本在经济泡沫破裂之后沉默了20年,沉默了20年的日本发生了什么呢?我举一个简单的例子。

我2011年8月专门去日本进行考察,其间去秋田县看了一个冶炼厂,这个冶炼厂过去是冶炼稀有金属的。因为日本是贫矿的国家,所以这个厂只能紧紧地守着旁边的一个小矿。但到了20世纪90年代,这个贫矿也挖完了,那这个厂该怎么办呢?

一位日本的朋友说,你去看看人家厂后来发生的变化。我去看了之后很震撼。那个矿早就停产了,因为没有矿可挖了,但是那个冶炼厂还在继续冶炼着。它冶炼什么东西呢?这个厂从废家电里炼稀有金属,就是把空调、冰箱、电视机、手机这些东西拆开,提炼其中的稀有金属,以这样的方式提取金、银、铜、铅、锡等。现在这个厂的技术水平很高、冶炼能力很强,赢利能力已经超过之前炼自然矿。

我们在那里看到工人拆电器,而且相当多工序是人工的。用人工做这个成本很高,但对经济持续发展很好,环保、精细,还解决了就业,只是对企业的管理和技术要求很高。这让我感到非常意外,也非常感动。他们还进行了数字统计,可以评估出这个行业前景怎么样。

第二次世界大战之后,日本成了一个消费大国,每年都要进口大量矿石,炼各种金属,包括稀有金属。如果计算一下,把废家电全部回收利用,从其中提炼铜、金、银、铅等,会发现日本已经是一个富矿大国了。

这个厂是一个民营企业,并不是国家扶持的大企业,但其已经在苏州、天津建了两个分厂。举这样一个例子是因为我认为这能够说明日本早已做好应对未来的准备。

我们都看到了去年日本海啸之后日本国民的自律、利他、镇定，我们可以从日本那里学到很多有用的东西，如果因为战争仇恨就不学习，把这些东西都屏蔽掉，我觉得很令人遗憾。

选自：《成功是和自己的较量：王石哈佛问道》，北京联合出版公司，王石（口述）、优米网（著）

思考与拓展

一、规则和契约精神有什么内在关系？你喜欢数字化的规则吗？是否觉得它压抑了人的天性？

二、以工匠和诚信为主题，4 人一组收集资料，制作一个 PPT（不少于 30 页）。

三、以宿舍为单位，协商制定一份 800 字以上的宿舍公约。内容应涵盖宿舍生活的各个方面，以自我权利和宿舍公众权利的协调为核心。

四、利用假期时间到知名的大型快餐店做一次小时工，感受规则的约束。

【匠心筑梦　成就人生】

1.《契约精神》

作者汪中求,新世界出版社

推荐理由:契约精神考验着契约关系中的每位社会成员,也考验着契约关系中的政府、企业和其他组织机构。在经济全球化的背景下,中国人只有遵守规则,才能尽快融入国际社会。在现代化的洪流中,中国不仅需要更多的资金、技术和科学的管理,而且需要契约精神。

2.《社会契约论》

作者卢梭(法),商务印书馆

推荐理由:《社会契约论》是一部政治哲学著作。它探讨的是政治权利的原理,它的主旨是为人民民主主权的建立奠定理论基础。它的问世是时代的需要,是人类社会进步的产物。它正确地回答了历史进程提出的问题:法国命运的航船将驶向何方。

3.《要么品质要么死》

作者李践,机械工业出版社

推荐理由:品质是企业的生命线,越来越多的企业已经意识到品质的重要性,忽视品质只会付出惨重的代价。重视品质,提升品质,是强企之本,强国之根。品质是中国企业崛起的必然之路。李践通过多年的企业实践总结出15个提升品质的具体方法,一听就明白,一用就见效!

4.《圣经的故事》

作者房龙(美),译者朱振武、张海强、邓纯,上海译文出版社

推荐理由:《圣经的故事》按照《圣经》的章节排序,将《旧约》与《新约》中的故事用通俗、有趣的写作手法转换为简要的圣经故事,保留了《圣经》的精神,使读者轻松地进入《圣经》的世界。房龙在用朴素、睿智的语言讲述古老的故事的同时,也演绎了故事背后浩大的人类历史进程。

5.《标准化的偏执狂——金色拱门背后的麦当劳》

作者彭剑锋、王一、冯莹,中国人民大学出版社

推荐理由:为何麦当劳能够在高度同质化、竞争极其激烈的快餐行业高质量

地解决生存问题,并突出竞争对手重围成为行业引领者? 为何麦当劳采取司空见惯的特许经营模式却能保持高度的一致性,从未出现让特许经营企业焦头烂额的各种麻烦? 麦当劳真的就只是卖汉堡的吗?《标准化的偏执狂——金色拱门背后的麦当劳》带你走进麦当劳,领略金色拱门背后的麦氏帝国。

第三章　以勤为先，铁杵磨成针

以勤为先是人文精神的重要表现，反映了一个民族的世界观、人生观、价值观。“勤”，自古以来就是中华民族的传统美德。文学家说“勤”是打开文学殿堂之门的钥匙；科学家说“勤”能使人聪明；政治家说“勤”是实现理想的基石；历史学家说“勤”是一个时代的价值观、道德观和精神风貌的集中体现，展示了一个民族顽强拼搏、自强不息的崇高品格，体现了一个民族与时俱进、开拓创新的精神风貌。

每一种社会实践活动都有一种特殊的精神作为其灵魂，这种内在的灵魂是实践活动中最活跃的能动力量，进行活动的人就是这种特殊的精神的创造者和实践者。中华民族素有敬业乐群、忠于职守的传统美德，爱岗敬业是社会主义核心价值观的重要内容，而工匠精神就是敬业的体现。树立工匠精神，使自己成为富有创造价值的工匠，必须以勤为先，做到敬业、勤业、精业。

第一，要热爱岗位工作，敬业是职业道德的基础和核心。敬，原是儒家哲学的一个基本范畴，孔子就主张“执事敬”“事思敬”“修己以敬”，即人在一生中要始终勤奋、刻苦，为事业尽心尽力。敬业是中华民族的传统美德。明清时期山西商人称雄国内商界 5 个多世纪，“生意兴隆通四海，财源茂盛达三江”。他们的成功就在于他们在一定的历史条件下自觉或不自觉地发扬了一种特殊的精神，包括进取精神、敬业精神、群体精神，可以把它们统称为“晋商精神”。这种精神也贯穿了晋商的经营意识、组织管理和心智素养中。其中敬业精神是晋商之魂。

第二，要勤奋学习和工作，勤业是成为工匠的条件。在社会主义建设事业中，各条战线涌现出了成千上万的先进模范人物，这些成绩卓著的劳动者被授予“劳动模范”的称号。他们始终走在改革开放和社会主义现代化建设的最前列，以爱岗敬业、为国为民的主人翁精神，艰苦奋斗、艰难创业的拼搏精神，淡泊名利、默默耕耘的“老黄牛”精神，甘于奉献、乐于服务的忘我精神，激励着一代又一代劳动者为祖国的繁荣富强而拼搏。他们是推进我国先进生产力和先进文化发展的代表，是当之无愧的时代领跑者。

第三，要精益求精，不断创新，精业既是追求，又是目标。工匠通过技艺求进与品质求精将敬业、勤业与精业结合。我们弘扬精业精神,因为这种精神是我们伟大民族精神的重要体现,是激励我们奋勇前进的重要精神动力,是营造劳动光荣、知识崇高、人才宝贵、创造伟大的社会氛围的重要支撑。具有精业精神的劳动者能够在制造中不断改进工艺,在改造中努力突破极限,既承担着"制造"的工作,又具有"创造"的能力。

党的十九大报告提出要"建设知识型、技能型、创新型劳动者大军,弘扬劳模精神和工匠精神,营造劳动光荣的社会风尚和精益求精的敬业风气"。报告中的"劳模精神"是一种职业精神,同时又是职业道德、职业能力、职业品质的体现,是从业者的职业价值取向和行为表现。

"弘扬劳模精神和工匠精神",让十九大代表、兰石集团有限公司冷作工首席操作师阙卫平深深感到了党和国家对一线工人的重视。他说:"我一定要将十九大精神带回基层,继续发扬工匠精神,脚踏实地,对工作认真负责,团结带领基层员工尽职尽责、精益求精。"阙卫平在生产一线工作了30多年,在他看来,无论工业如何发展,严谨执着、追求极致的工匠精神永远不会过时。身为一名工人,就应该不断锤炼技艺,继承和发扬精益求精的工匠精神,在每个环节都做到一丝不苟。(《甘肃日报》大力弘扬劳模精神和工匠精神)

工匠须具有敬业、勤业、精业等优良品质。工匠精神时代的"劳模精神"是从业者基于对职业的敬畏和热爱而产生的全身心投入的认认真真、尽职尽责的职业精神状态。从业者把工作当作修行,通过工作提高心性,修炼灵魂,将劳模精神当成一生的信仰和追求。这一切都要从敬业开始,让敬畏和热爱贯穿工作的始末,立足本职,做到勤业,不慕虚荣,对每一份工作都好好珍惜,干一行爱一行,干一行精一行,以精业为追求,寻找人生最大的快乐。敬业乐群、忠于职守是中华民族的优良传统,敬业是中国人的传统美德,也是社会主义核心价值观的基本内容。

近年来,国家大力实施创新驱动发展战略,创新型国家建设成果丰硕。推进企业技术创新更需要劳模精神和工匠精神。"因为没有精益求精、追求完美的创新活力,就不可能在工作上有所突破,在创新领域推陈出新。"阙卫平说,"从制造业大国变成制造业强国,我们需要积极构建产业工人技能培养体系,加强对产业工人品质和技能的培养,完善劳动经济权益保障机制,同时建立以企业为主体、市场为导向、产学研深度融合的技术创新体系,培养出更多高技能人才,共同为促进装备制造业发展贡献力量。"(《甘肃日报》大力弘扬劳模精神和工匠

精神）

青年兴则国家兴，青年强则国家强。青年一代有理想、有本领、有担当，国家就有前途，民族就有希望。中国梦是历史的、现实的，也是未来的；是我们这一代的，更是青年一代的。希望越来越多的年轻工人加入知识型、技能型、创新型劳动者大军，弘扬劳模精神和工匠精神，营造劳动光荣的社会风尚和精益求精的敬业风气，成长为大国工匠。

【非一般的工匠 非一般的人生】
成大匠必须“敬业、勤业、精业”
——对培育工匠精神的认识与体会

王南石

（作者系中国航天科工集团首席技师、南京晨光集团特级技师、全国技术能手）

对一名工人来讲，树立工匠精神，使自己成为富有创造价值的工匠，必须做到敬业、勤业、精业。热爱岗位工作，敬业是职业道德的基础和核心；勤奋学习和工作，勤业是成为工匠的条件；精益求精，不断创新，精业既是追求，又是目标。

我是南京晨光集团的装配调试工，工作30多年，从一名普通工人成为中国航天科工集团首席技师、全国技术能手，荣获全国五一劳动奖章，并享受国务院特殊津贴，敬业、勤业、精业成就了我的工匠之路。

敬业

1975年，18岁的我高中毕业后下乡插队，3年后考上了当时的晨光机器厂技工学校。我学了2年机械制造，被分配到厂里做装配工。这一干，就是30多年。后来我也有机会做技术管理工作，但我放弃了。因为在我看来，适合自己的就是最好的，当工人一样有成就感，关键是“要做有价值的工人”。

敬业，是职业道德的基础和核心。作为一名工人，要想做出一番事业，树立工匠精神，首先必须做到爱岗敬业，要用严肃认真的态度对待自己的工作，忠于职守，尽职尽责。岗位就意味着责任。实际上，敬业是对工作态度的普遍要求，只有敬业，才会全力以赴，高标准、高质量地完成工作。反之，如果没有起码的敬业意识，就不可能产生工作热情，不会有认真负责的工作态度，也就做不好本职工作。因为敬业，30多年来我始终在研制生产一线，日复一日默默地精心装配、检测、调试，我装配、调试的各类型油泵没有一套因装配、调试质量而出现问题。

勤业

培育工匠精神,成为有用之才,需要不断勤奋学习和工作,日积月累,用一点一滴的努力成就现在和将来。

我刚工作时难免有些束手束脚,请教师傅后才知道,要想掌握技能,就要有专业理论知识,用知识指导生产。从此,我处处留心,不懂就问;有时间就找书看,琢磨自己手上的活儿。

由于工作勤奋,师傅交给我一个任务,设计一个配油盘(油泵中的一个部件)泄漏量检测工装,有了它,在油泵的装配、调试中就可以根据泄漏量的大小采取调整措施,把泄漏量减到最小,提升产品的品质。我怀着试试看的想法,开始了第一次生产技术革新。在这期间,我向技术员、师傅请教,经过一番努力,终于设计出了检测工装。经过实际使用,确实最大限度地减小了油泵高速运转时配油盘端面的泄漏量,提升了油泵装配的品质,同时提高了生产效率。

我有个“宝贝”,就是笔记本,上面密密麻麻地记录着我这些年的工作心得和技术经验。每当遇到技术问题,我就记录在笔记本上,然后查阅书籍资料,与工艺设计人员沟通,寻求解决办法。

我还注意总结创新成果,先后撰写了10篇技术论文。我还在工作之余结合生产编写了《装配钳工基础知识》《液压系统基础知识》《班组管理》《生产管理》等专用教材。

精业

精业,既是追求,又是目标,是工匠精神的最终体现。

我认为,精益求精是对工匠精神的集中诠释。所谓工匠精神,就是要不惜一切代价制造出品质最优的产品,不断追求完美,不放过任何一个细节。

“干一行,爱一行,精一行”。只有精业,工作才有底气,事业才有生气,工作才会出成绩。30多年来,我在工作中对产品的装配、调试质量精益求精,注重生产过程中的每一个细节,在面对制约生产的“拦路虎”时,从产品的结构和相关技术理论出发,通过分析找思路,从试验数据中找出路,透视实际生产中出现的技术问题,使问题的症结无处藏身,从而彻底清除制约生产的“拦路虎”。多年来,我主持或参与完成的工艺技术攻关或产品装调技术研究项目多达30余项。

要使自己成为一名精益求精的工匠，在掌握生产技能的同时，还要有一定的专业理论知识，尤其要有创新思维。在工作过程中，我常常利用自己的技能和知识储备转变思路，破解难题。比如，设计工具完成装配难题；建议改进设计和工艺。在生产实践中，我根据具体问题提出了轴瓦镀层的工艺技术，大大提高了产品质量的可靠性；在装配、调试中，我总结提炼出的变量泵额定压力振荡装调技术成为生产线的“技术宝书”，大幅提高了产品的一次交验合格率。

选自:《工人日报》,2016 年 08 月 09 日第 7 版

王羲之临池学书

临川之城东，有地隐然而高，以临于溪，曰新城。新城之上，有池洼然而方以长，曰王羲之之墨池者，荀伯子《临川记》云也。羲之尝慕张芝，临池学书，池水尽黑，此为其故迹，岂信然邪？方羲之之不可强以仕，而尝极东方，出沧海，以娱其意于山水之间，岂有徜徉肆恣，而又尝自休于此邪？

羲之之书，晚乃善，则其所能，盖亦以精力自致者，非天成也。然后世未有能及者，岂其学不如彼邪？则学固岂可以少哉！况欲深造道德者邪？

墨池之上，今为州学舍。教授王君盛恐其不章也，书“晋王右军墨池”之六字于楹间以揭之。又告于巩曰：“愿有记。”推王君之心，岂爱人之善，虽一能不以废，而因以及乎其迹邪？其亦欲推其事以勉学者邪？夫人之有一能，而使后人尚之如此，况仁人庄士之遗风余思，被于来世者如何哉！

庆历八年九月十二日曾巩记。

——《墨池记》曾巩（北宋）

曾巩是唐宋八大家之一，他在《墨池记》里除了记述王羲之临池学书的事迹之外，还阐述了一些有关学习的思想。晋代的大书法家王羲之在我国书画史上是极负盛名的。他写的《兰亭帖》流传至今，是我国书法艺术的珍品。《兰亭帖》集中体现了王羲之的文学才华和书法艺术成就。

东晋穆帝永和九年（353年）三月，王羲之和当时的名士孙统、孙绰、谢安、支遁等40多人宴集在浙江省会稽山阴（今浙江省绍兴市）的兰亭。这一天春光明媚，与会的人诗兴大发，纷纷吟出一些诗来。王羲之为这些诗作所感动，欣然运笔写了一篇序，就是后来广为传诵的《兰亭集序》。序中记录了集会的盛况，反映了与会诸人的观感。《兰亭帖》是对《兰亭集序》的精书，写得遒媚劲健，是后世学习书法的楷模。

王羲之卓著的书法成就来源于他幼年的刻苦学习。幼年学书的时候，他非常仰慕东汉书法家张芝。张芝，字伯英，他的书法非常有名。据说张芝学习书法的时候经常在衣帛上写字，然后把衣帛放在染缸里染上色，用于做衣服。张芝还经常到水池边写字，用池水磨墨涮笔，结果池水都被染成了黑色。由于他十分用功，所以字写得非常好，特别是草书，故当时人们称他为“草圣”。王羲之决心学习张芝的精神，并认为只要自己刻苦努力，就一定可以赶上或者超过张芝。

王羲之不仅学习张芝的精神，而且学习张芝写字的方法。他也像张芝那样，经常到水池边练习写字。王羲之的家乡临川城下有一条河，河边有一块地方叫新城，新城有一个很深的长方形水池，这就是他经常练习写字的地方。每当春天到来的时候，他就带上笔墨纸砚到这里练习写字，用池里的水磨墨，用池里的水涮笔，每当他黑黑的墨笔浸入池水的时候，水里便立刻出现一片黑云似的水墨。这样天长日久，池水就渐渐变黑了。随着池水一天天变黑，王羲之的字也一天天长进了。不久，他写的字就超过了当时书法家庾翼的。

曾巩说："羲之之书，晚乃善，则其所能，盖亦以精力自致者，非天成也。然后世未有能及者，岂其学不如彼邪?"意思是王羲之的书法成就并不是天生的，而是精心努力的结果。后人之所以赶不上他，并不是不能赶上他，而是刻苦努力的程度不如他。正如《左传》中所言："思其始而成其终。"

【传工匠之魂　铸匠人之心】
进学解

韩愈

导语："业精于勤，荒于嬉；行成于思，毁于随。"一句千古流传的至理名言，一种朴实无华的理性思维，一个指导人生的经验总结。

国子先生晨入太学，招诸生立馆下，诲之曰："业精于勤，荒于嬉；行成于思，毁于随。方今圣贤相逢，治具毕张。拔去凶邪，登崇畯良。占小善者率以录，名一艺者无不庸。爬罗剔抉，刮垢磨光。盖有幸而获选，孰云多而不扬？诸生业患不能精，无患有司之不明；行患不能成，无患有司之不公。"

言未既，有笑于列者曰："先生欺余哉！弟子事先生，于兹有年矣。先生口不绝吟于六艺之文，手不停披于百家之编。记事者必提其要，纂言者必钩其玄。贪多务得，细大不捐。焚膏油以继晷，恒兀兀以穷年。先生之业，可谓勤矣。觝排异端，攘斥佛老。补苴罅漏，张皇幽眇。寻坠绪之茫茫，独旁搜而远绍。障百川而东之，回狂澜于既倒。先生之于儒，可谓有劳矣。沉浸醲郁，含英咀华，作为文章，其书满家。上规姚姒，浑浑无涯；周《诰》、殷《盘》，佶屈聱牙；《春秋》谨严，《左氏》浮夸；《易》奇而法，《诗》正而葩；下逮《庄》《骚》，太史所录；子云、相如，同工异曲。先生之于文，可谓闳其中而肆其外矣。少始知学，勇于敢为；长通于方，左右具宜。先生之于为人，可谓成矣。然而公不见信于人，私不见助于友。跋前踬后，动辄得咎。暂为御史，遂窜南夷。三年博士，冗不见治。命与仇谋，取败几时。冬暖而儿号寒，年丰而妻啼饥。头童齿豁，竟死何裨？不知虑此，而反教人为？"

先生曰："吁，子来前！夫大木为杗，细木为桷，欂栌、侏儒、椳、闑、扂、楔，各得其宜，施以成室者，匠氏之工也。玉札、丹砂、赤箭、青芝、牛溲、马勃、败鼓之皮，俱收并蓄，待用无遗者，医师之良也。登明选公，杂进巧拙，纡余为妍，卓荦为杰，校短量长，惟器是适者，宰相之方也。昔者孟轲好辩，孔道以明，辙环天下，卒老于行。荀卿守正，大论是弘，逃谗于楚，废死兰陵。是二儒者，吐辞为经，举足为法，绝类离伦，优入圣域，其遇于世何如也？今先生学虽勤而不由其统，言虽多而不要其中，文虽奇而不济于用，行虽修而不显于众。犹且月费俸钱，岁靡廪粟；子不知耕，妇不知织；乘马从徒，安坐而食。踵常途之促促，窥陈编以盗窃。然而圣主不加诛，宰臣不见斥，兹非其幸欤？动而得谤，名亦随之。投闲置散，乃分之宜。若夫商财贿之有亡，计班资之崇庳，忘己量之所称，指前人之瑕疵，是所谓诘匠氏之不以杙为楹，而訾医师以昌阳引年，欲进其豨苓也。”

论语

导语：执事敬、事思敬、修己以敬，表明了孔子对事业的态度，即人在一生中要始终勤奋、刻苦，为事业尽心尽力。敬业，是中华民族的传统美德。

执事敬

樊迟问仁。子曰："居处恭，执事敬，与人忠。虽之夷狄，不可弃也。"（《论语·子路第十三》）

事思敬

孔子曰："君子有九思：视思明，听思聪，色思温，貌思恭，言思忠，事思敬，疑思问，忿思难，见得思义。"（《论语·季氏第十六》）

修己以敬

子路问君子。子曰："修己以敬。"曰："如斯而已乎？"曰："修己以安人。"曰："如斯而已乎？"曰："修己以安百姓。修己以安百姓，尧舜其犹病诸？"（《论语·宪问》）

勤训

导语：谋生的方法，没有比勤劳更重要的。

治生之道，莫尚乎勤。故邵子云："一日之计在于晨，一岁之计在于春，一生之计在于勤。"言虽近而旨则远矣。

无如人之常情，恶劳而好逸，甘食媮衣，玩日愒岁。以之为农，则不能深耕而易耨；以之为工，则不能计日而效功；以之为商，则不能乘时而趋利；以之为士，则不能笃志而力行。徒然食息于天地之间，是一蠹耳！

夫天地之化，日新则不敝。故户枢不蠹，流水不腐，诚不欲其常安也。人之心与力，何独不然？劳则思，逸则忘，物之情也。

大禹之圣，且惜寸阴，陶侃之贤，且惜分阴，又况圣贤不若彼者乎？（《恒斋文集》）

勤

梁实秋

导语：各行各业，凡是勤奋不懈怠者必定有所成就。

勤，劳也。无论劳心劳力，竭尽所能黾勉从事，就叫作勤。各行各业，凡是勤奋不怠者必定有所成就，出人头地。即使是出家的和尚，息迹岩穴，徜徉于山水之间，看破红尘，与世无争，他们也自有一番精进的功夫要做，于读经礼拜之外还要勤行善法不自放逸。且举两个实例。

一个是唐朝开元间的百丈怀海禅师，亲近马祖时得传心印，精勤不休。他制定了“百丈清规”，他自己笃实奉行，“一日不作，一日不食”。一面修行，一面劳作。“出坡”的时候，他躬先领导以为表率。他到了暮年仍然照常操作，弟子们于心不忍，偷偷地把他的农作工具藏匿起来。禅师找不到工具，那一天没有工作，但是那一天他也就真格没有吃东西。他的刻苦精神感动了不少的人。

另一个是清初的以山水画著名的石溪和尚。请看他自题的《溪山无尽图》：“大凡天地生人，宜清勤自持，不可懒惰。若当得个懒字，便是懒汉，终无用处……残衲住牛首山房，朝夕焚诵，稍余一刻，必登山选胜，一有所得，随笔作山水数幅或字一段，总之不放闲过。所谓静生动，动必作出一番事业。端教一个人立于天地间无愧。若忽忽不知，懒而不觉，何异草木？”人而不勤，无异草木，这句话沉痛极了。过饱食终日无所用心的生活，英文叫作 vegetate，意为植物的生活。中外的想法不谋而合。

勤的反面是懒。早晨躺在床上睡懒觉，起得床来仍是懒洋洋地不事整洁，能拖到明天做的事今天不做，能推给别人做的事自己不做，不懂的事情不想懂，不会做的事不想学，无意把事情做得更好，无意把成果扩展得更多，耽好逸乐，四体不勤，念念不忘的是如何过周末、如何度假期。这就是一个标准懒汉的写照。

恶劳好逸，人之常情。就因为这是人之常情，人才需要鞭策自己。勤能补拙，勤能损欲，这还是消极的说法，勤的积极意义是要人进德修业，不但不同于草木，也有异于禽兽，成为名副其实的万物之灵。

选自：《当代文学作品阅读经典·哲理小品·中国卷》，人民日报出版社，史为昆（主编）

钢铁是怎样炼成的(节选)

奥斯特洛夫斯基(苏联)

导语:一个人只有在艰难困苦中,不懈努力,永不言弃,才能战胜敌人也战胜自己;只有把自己的追求和祖国、人民的利益联系在一起,才会创造出奇迹,才会成长为钢铁战士。

远处,在接近地平线的地方,轮船喷出的烟柱像一片乌云似的舒展开来。一群海鸥尖叫着向海面俯冲。

柯察金双手抱头,陷入沉思之中。他的一生,从童年时代一直到现在,一幕幕地在他眼前闪过。这二十四年生活得怎么样?好还是不好?他一年又一年地回顾,像一个铁面无私的法官检查着自己的一生。结果他十分满意,这辈子过得还挺不错。当然,由于愚蠢,由于年轻,更多的是由于无知,他也犯了不少错误。但最主要的一点是,在火热的斗争年代,他没有睡大觉,而是在夺取政权的残酷搏斗中找到了自己的岗位,而且在革命的红旗上,也有几滴他的鲜血。

在精力全部耗尽之前,他没有离开过队伍。现在他的身体垮了,不能再坚守阵地了,唯有一条路可走——进后方医院。他还记得,在华沙附近的激战中,有个战士被子弹射中,从马上摔下来,跌倒在地上。同志们急忙包扎好他的伤口,把他交给救护人员,又继续向前飞奔,追赶敌人去了。这个骑兵连并没有因为失去一个战士而停止前进。为了伟大的事业斗争时,就是这样,而且应该这样。当然也有例外,他就见过没有双腿的机枪手坐在机枪车上坚持战斗,他们是使敌人闻风丧胆的勇士,他们的机枪给敌人送去了死亡和毁灭,他们凭着钢铁般的意志和百发百中的枪法成为各个团队的骄傲。不过,这样的人并不多见。

现在,他的身体彻底垮了,归队已经无望。他应当如何处置自己呢?他终于从巴扎诺娃口中了解到了真实病情:应当有思想准备,将来还会遇到更可怕的事。那么究竟应该怎么办?这个没有解决的问题犹如阴森森的黑洞摆在他的面前。

既然他已失去了最宝贵的东西——战斗的能力,那活着还有什么意义?在今天,在凄凉的明天,他用什么来证明自己不是在虚度光阴呢?用什么来充实自己的生活呢？光是吃、喝和呼吸吗？仅仅作为一名无能为力的旁观者看着同志们战斗前进吗？就这样成为队伍的累赘？该不该毁掉这个已经背叛了他的肉体？朝心口打一枪,一切难题就都解决了！过去能够生活得不错,现在就应当能够及时结束这个生命。一个垂死的战士不愿再痛苦挣扎,谁又能指责他呢？

……

青春胜利了。伤寒没能夺走保尔的生命。保尔第四次跨过死亡的门槛,又回到了人间。卧床一个月之后,苍白瘦削的保尔终于站了起来,迈着颤巍巍的双腿,扶着墙壁,在房间里试着走动。母亲搀着他走到窗口,他向路上望了很久。

积雪融化了,小水洼闪闪发光。外面已经是乍暖还寒的早春天气了。

紧靠窗户的樱桃树枝上,神气十足地站着一只灰胸脯的麻雀,它不时用狡猾的小眼睛偷看保尔。

"怎么样,冬天咱们总算熬过来了吧？"保尔用指头敲着窗户,低声说。

母亲吃惊地看了他一眼。

"你在那儿跟谁说话？"

"跟麻雀……它飞走了,真狡猾。"他无力地笑了笑。

百花盛开的春天到来了。保尔开始考虑回基辅的问题。他已经康复到能够走路了,不过体内还潜伏着别的什么病。有一天,他在园子里散步,突然感到脊椎一阵剧痛,随即摔倒在地上。他费了好大劲,才慢慢挪到屋里。第二天,医生给他做了详细的检查,摸到他脊椎上有一个深坑,惊讶地叫了一声,问:"这儿怎么有个坑？"

"大夫,这是公路上的石头崩的。在罗夫诺城下,一颗三吋(英寸旧也作吋,1英寸=2.54厘米,编者注)的炮弹在我背后的公路上炸开了花……"

"那你是怎么走路的？没什么影响吗？"

"没有。当时我躺了两个来钟头,又继续骑马了。这是头一回发作。"

医生皱着眉头,仔细地检查了那个坑。

"亲爱的,这可是非常讨厌的事情。脊椎是不喜欢这种震动的。但愿它以后别再发作了。穿上衣服吧,柯察金同志。"

医生掩饰不住自己的忧虑,同情地看着这个病人。

阿尔焦姆住在他老婆斯捷莎的娘家。斯捷莎年纪不大,长得很丑,她家是贫穷的农民家庭。有一天,保尔顺路去看阿尔焦姆。在肮脏的小院子里,有一个邋遢的斜眼小男孩在跑着玩。

他一看见保尔，就毫不客气地用小眼睛瞪着保尔，一面专心致志地抠鼻子，一面问：“你要干什么？是来偷东西的吧？最好快走，我妈妈可厉害啦！”

这时，破旧的矮木房的小窗户打开了，阿尔焦姆叫道：“进来吧，保夫鲁沙！”

一个脸黄得像羊皮纸的老太婆手里拿着火叉子，在灶边忙活着。她冷冷地瞧了保尔一眼，让保尔走过去，接着把锅勺敲得叮当乱响。

两个留短辫子的大女孩急忙爬到炉炕上，像没有见过世面的野蛮人，好奇地探头打量着客人。

阿尔焦姆坐在桌子旁，有点难为情。他的婚事，母亲和保尔都不赞成。他是个血统工人，不知道为什么竟跟相处了三年的石匠女儿、美丽的被服厂女工加莉娜断绝了关系，同难看的斯捷莎结了婚，入赘到这个没有男劳动力的五口之家。

每天从机车库下工以后，他的全部精力都花在犁杖上，重整那份衰败的家业。

阿尔焦姆知道，保尔不赞成他，曾说他投入了“小资产阶级自发势力”的怀抱，因此，他观察着弟弟，看他对这里的一切有什么反应。

兄弟俩坐了一会儿，说了一阵见面时常说的那些没有什么意思的寒暄话，保尔就要起身告辞。阿尔焦姆不让他走。

“等一等，跟我们一起吃点东西吧，斯捷莎这就拿牛奶来。

这么说，你明天就要走？你身体还很弱呢，保尔。”

斯捷莎走进房里，同保尔打过招呼，就叫阿尔焦姆到打谷场帮她搬东西。屋子里就剩下保尔和那个不爱搭理人的老太婆了。窗外传来了教堂的钟声，老太婆放下火叉子，不满意地嘟囔着：“啊！我主耶稣，我成天忙这些鬼事情，连祷告都没工夫了！”她摘下脖子上的披巾，斜眼看着客人，走到屋子的一个角落，那里挂着年久发黑、面带愁容的圣像。她捏着三个瘦骨嶙峋的手指，在胸前画了一个十字。

“我们在天上的父，愿人都尊你的名为圣……”她嚅动着干瘪的嘴唇，小声说。

在院子里，小男孩骑到了一头耷拉着大耳朵的黑猪身上。他双手紧紧抓住猪鬃，两只赤脚拼命踢它，并高声吆喝着，弄得那头猪团团打转，哼哼乱叫。

“驾！驾！走啊，开步走！吁！别胡闹！”

猪驮着孩子满院乱跑，想把他甩下来，可是那个斜眼的调皮鬼却骑得很稳当。

老太婆停止了祈祷，把头探出窗外，喊道："我叫你骑，摔不死你！快下来，你怎么不瘟死呢！给我滚开！你这小疯子。"

那头猪到底把骑手甩下来了。老太婆满意了，她回到圣像跟前，做出满脸虔诚的样子，继续祈祷："愿你的国降临……"

男孩哭哭啼啼，满脸泪痕，走到门口，用袖子揩着摔伤的鼻子，疼得哼哼唧唧地喊："妈妈呀——我要奶渣饺子！"

老太婆转过身来，恶狠狠地骂道："你这个斜眼鬼，连祷告也不让我做。狗崽子，我这就让你吃个够！"说着，就从凳子上抓起一根皮鞭。男孩立刻跑得无影无踪了。那两个女孩在炉灶后面扑哧一声，偷偷地笑了。

老太婆又第三次去祈祷。

保尔没有等哥哥回来，就站起身来走了。他关栅栏门的时候，看见老太婆从靠边的小窗户探出头来。她在监视他。

"什么鬼迷住了哥哥的心窍，把他勾引到这儿来了？现在他到死也摆脱不掉了。斯捷莎每年给他生一个孩子，他会像甲虫掉进粪堆里，越陷越深，弄不好连机车库的工作也会丢掉。我原来还想吸引他参加政治活动呢。"保尔走在小城阒无一人的街道上，悒悒不乐地想。

但是想到明天就要离开这里，回到那个大城市去，那里有他的朋友和心爱的人们，他又高兴了。那个大城市雄伟的景象、蓬勃的生气、川流不息的人群、电车的轰隆声、汽车的喇叭声都令他神往。然而最吸引他的还是巨大的石头厂房、熏黑了的车间、机器，还有滑轮轻微的沙沙声。他向往那巨轮飞速旋转、空气中散发着机油气味的地方，向往那已经习惯了的一切。在这里，在这个僻静的小城，保尔漫步街头，心里有一种难言的怅惘。保尔觉得这个小城变得陌生和无聊了。连白天出去散散步，都会惹得人心里不痛快。比如，当他从那些坐在台阶上闲扯的长舌妇跟前走过的时候，常常听到她们这样议论：

"瞧，姐妹们，哪儿来的这么个丑八怪？"

"看样子，是个痨病鬼。"

"那件皮上衣倒挺阔气，准是偷来的……"

还有许多诸如此类的令人厌恶的事情。

他跟这些早就一刀两断了，对他来说，那个大城市更亲切、更可爱。那里有朝气蓬勃、意志坚强的阶级弟兄，有劳动。

保尔不知不觉走到松林跟前，在岔路口停住了。右边是阴森森的老监狱，有一道高高的尖头木栅栏把它和松林隔开。监狱后面是医院的白色楼房。

就是在这里,在这空旷的广场上,瓦莉娅和她的同志们被绞死了。保尔在原来设置绞架的地方默默地站了一会儿,然后走向陡坡,顺坡下去,到了埋葬烈士的墓地。

不知道哪位有心人在坟墓周围摆上了用云杉枝编的花圈,像给这块小小的墓地修了一道绿色的围墙。陡坡上挺拔的松树高高矗立,峡谷的斜坡上绿草如茵。

这里是小城的边缘,寂静而冷清。松林在低语,春天的大地在复苏,散发着潮湿的泥土气息。同志们就是在这里英勇就义的。他们为了那些出生即贫贱、落地便为奴的人能过上美好的生活,献出了自己的生命。

保尔慢慢地摘下帽子。悲痛,巨大的悲痛,充满了他的心。

人最宝贵的是生命。生命对于我们只有一次。一个人的一生应当这样度过:当他回首往事时,不因虚度年华而悔恨,也不因碌碌无为而羞愧。在他临死的时候,就可以说:“我的整个生命和全部精力都已贡献给了世界上最壮丽的事业——为人类解放而斗争。”要抓紧时间赶快生活,因为一场莫名其妙的疾病或者一个意外的悲惨事件,都会使生命中断。

保尔怀着这样的思想离开了烈士墓。

选自:《钢铁是怎样炼成的》,人民文学出版社,尼·奥斯洛夫斯基(著)、梅益(译)

思考与拓展

一、2015 年 4 月 28 日，习近平总书记在庆祝五一国际劳动节暨表彰全国劳动模范和先进工作者大会上提道：“一切劳动者，只要肯学肯干肯钻研，练就一身真本领，掌握一手好技术，就能立足岗位成长成才，就都能在劳动中发现广阔的天地，在劳动中体现价值、展现风采、感受快乐。”在当代中国，习近平总书记宣扬劳模精神有何现实意义？

二、作为新时代的大学生，你打算如何学习劳模精神？

三、以下是选自媒体的一段文字，请你认真阅读。

中华人民共和国成立后劳模辈出。从王进喜、倪志福、时传祥、张秉贵、雷锋、郝建秀、王林鹤到徐虎、王选、袁隆平、李素丽、宋鱼水、许振超、郭明义等，这些劳模身上都有不同时代的烙印，都体现了一个时代劳动者的价值。社会学家艾君在《劳模永远是时代的领跑者》一文中对“劳模”作了如下解释和评论：劳模，即劳动模范和先进工作者的简称，他们是工人阶级的优秀代表、民族的精英、国家的栋梁、社会的中坚、学习的楷模，劳模永远是时代的领跑者。他认为，劳模精神折射着一个时代的人文精神，反映出一个民族在某个时代的人生价值和道德取向。劳模精神简洁而深刻地展示着一个时代人之精神的演进与发展，凝重而浪漫地体现着一个民族的时代思想与情愫。（2010 年 4 月 27 日《焦作日报》）

（1）劳模精神的五个特性是什么？

（2）劳模精神有何时代意义？

（3）我们现在提倡的勤业、敬业、精业和劳模精神一致吗？它们有什么异同？

四、结合生活实际谈谈你心目中的保尔精神。

五、选取生活当中你认为最能体现勤业、敬业、精业的事件或人物，分享给同学。

【匠心筑梦 成就人生】

1.《向劳模学习:从平凡的岗位上成就卓越之道》

作者彭维锋,中国工人出版社

推荐理由:该书所探究和揭示的是众多劳模的心路历程,显现出当代职业素养。他们凭借的是怎样的信念和方法?我们能从中得到哪些经验和启示?如何实现职业生涯和人生境界同步提升?

2.《钢铁是怎样炼成的》

作者奥斯特洛夫斯基,百花文艺出版社

推荐理由:“人最宝贵的是生命。生命对于我们只有一次。一个人的一生应当这样度过:当他回首往事时,不因虚度年华而悔恨,也不因碌碌无为而羞愧。在他临死的时候,就可以说:‘我的整个生命和全部精力都已贡献给世界上最壮丽的事业——为人类解放而斗争。’”

3.《老人与海》

作者海明威,浙江文艺出版社

推荐理由:“人可以被毁灭,但不能被打败。”一位老人孤身在海上捕鱼,八十四天一无所获,后来终于钓到了大鱼,用了两天两夜才将其刺死。在返航途中突遭鲨鱼袭击,经过一天一夜的缠斗,大鱼仅存骨架。但老人并未失去希望和信心,休整之后,准备再次出海……

4.《勤业重群冠中西——严复与严氏家风》

作者孙欣,大象出版社

推荐理由:该书围绕勤学勤思、敬业乐生、学贯中西、爱国奉公这一严氏子孙共同遵循的人生态度和处世原则展开论述,逐层展示优良的家风对一个家族的影响。其叙述层次清晰,将一个立体的严氏家族谱系清晰地呈现在读者面前,给人带来心灵的震撼与人生的思考。

第四章　合作双赢，共筑中国梦

一、协作的内涵

协作是个人与个人、部门与部门、企业与企业之间为达到共同的目的，彼此之间进行的协调与配合，以实现互补和共赢。

协作精神是个人与个人、部门与部门、企业与企业之间为达到共同的目的，彼此相互配合的精神。

协作精神有时也用合作精神代替。协作是有主有次地、有规矩地共同开展一项活动，契约性质较强。而合作是协作的升华，更多的是在共同完成任务中强调信任，自主积极承担的意愿强于契约的约束。

协作与合作常常同时存在，故这两个词可以替换使用，但有时仍然存在区别。举个例子，员工与老板签订雇佣合同，共同的目的是有效率地实现公司运营，员工受合同（即契约）的约束必须配合公司各部门完成工作，此时是协作。但与此同时，员工可以对公司的前景产生信心，对上级与同事产生信任，自主自发积极配合，此时即升华为了合作。

协作并非完全平分工作，而是完美地整合资源，让擅长某个领域的部门或者个人能够完成各自的任务。打个比方，一个歌舞节目让善歌者唱歌，让善舞者伴舞，这个节目就能有效率地准备和完成，呈现给观众的效果也是最好的。如果将两者对调，让擅长唱歌的人去跳舞，让擅长跳舞的人去唱歌，不仅排练时间会成倍增加，而且演出结果也会不尽如人意。这个例子听起来很简单，但是运用在生活中是需要思考和练习的。

二、协作的内容

协作应该是多方面的、广泛的，只要一个部门或一个岗位要实现既定的目标必须得到外界的支援和配合才能完成，就应该产生协作，一般包括资源、技术、配合、信息方面的协作。

1. 资源协作

实现目标需要一定的资源,包括人力、财力、物力等方面。很多时候目标不能顺利实现,往往是因为在某一方面欠缺。

在实现目标的过程中,往往会出现某个部门资源不足的情况,如人力不足、设备不足等。就像用几块长短不一的木板做一个水桶,最大盛水量取决于最短的木板。每块木板都相当于一种资源,欠缺的资源就好比那块短板。如果目标是盛更多的水,就需要寻找资源来弥补这块短板。这就需要其他部门从全局观念出发给予必要的支援,互通有无,互相帮助,为实现共同的目标开展协作。

2. 技术协作

技术协作既包括技术部门为其他部门提供实现目标所必需的技术资料、技术知识、工艺方法等,又包括企业与企业之间、部门与部门之间、个人与个人之间进行技术交流等,互相提供技术,从而共同创造更大的价值。

美国福特(Ford)汽车是一家生产汽车的跨国企业,该企业历史悠久,拥有成熟的造车技术。黑莓(Blackberry)原本是加拿大的一家制造移动无线通信设备和提供无线服务的公司,后来转型研发软件,拥有开发软件的技术条件。黑莓研发的 QNX 车载系统是一个分布式系统,现被广泛应用于美国的核能工厂和无人机驾驶等领域。车与软件结合,使车辆自带了地图、导航、语音操作、接电话、触摸屏等功能,便利了人们的生活。

3. 配合协作

一个部门(或岗位)目标的实现总是与其他部门(或岗位)的工作有一定的联系,因此产生了在实现目标的过程中互相配合的问题。如生产车间生产目标的实现需要供应部门及时提供足量的原材料,需要动力部门提供足够的动力。

4. 信息协作

信息协作的实质是在实现目标的过程中,部门与部门之间、个人与个人之间及时进行信息交流、情报传递。及时掌握信息,才能制定正确的决策,进行有效的实施控制,这是实现目标的重要保证。

三、协作的必要性

搞好协作是一个单位实现总体目标的必要条件,其必要性表现如下。

1. 严密性

各层次之间、各部门之间、各岗位之间有着严谨的结构和密切的联系，它们互相制约，互相影响。这种结构要求各层次之间、各部门之间及各岗位之间必须良好协作和紧密配合，才能使组织正常运行，各项工作同步进行。

2. 完整性

总目标与分目标之间、分目标与分目标之间有些连锁关系，形成了环环相扣的链条和网络。其中任何一环脱节，都会影响整个链条和网络，从而影响总目标的实现。

3. 复杂性

由于现代科学技术的发展，专业化、综合化程度越来越高，实现一项目标需要多个部门、多个岗位共同努力、互相支援，而不是只靠一个人，不靠外界的帮助。这就要求部门之间、岗位之间很好地合作、有力地协作配合。

四、协作精神的作用

随着工业社会不断向前发展，社会分工、团队分工越来越细，良好的协作精神不仅为生产领域所必需，而且也被其他领域迫切需要。有分工就必然有协作，分工与协作共存于一个事项之中。比尔·盖茨曾经说过："团队协作是企业成功的保障。""大成功需要团队，而个人只能取得小成功。"具体分析，原因有如下几点。

1. 团队大于个人

一个团队的力量远大于一个人的力量。团队不仅强调个人的工作成果，而且强调团队的整体业绩。团队依赖集体讨论和决策，也强调成员的共同贡献。大家都知道一根筷子轻轻就会被折断，但把很多筷子放在一起，想折断就是很困难的事。拔河比赛就是靠团队协作的力量才能取胜。

2. 团队协作的本质是共同奉献

共同奉献需要一个切实可行、具有挑战意义且能够让成员信服的目标，只有这样才能激发团队的工作动力和奉献精神，不分彼此，共同奉献。在一个团队里，只有大家不断地分享自己的长处、优点，不断地吸取其他成员的长处、优点，遇到问题及时交流，才能让团队的力量发挥得淋漓尽致。

3. 团队协作与个人的潜力

若团队中的每一个人都可以坦诚相待,都有奉献精神,都能取长补短,个人的能力肯定会得到大大的提升,三人行,必有我师焉。如果大家把团队中每个人的优点、长处都变为自己的优点、长处,并灵活运用,不仅团队的力量会日益强大,而且个人的能力、潜力也会慢慢得到提升。团队协作能激发出团队成员不可思议的潜力,让每个人都发挥出最强大的力量。一加一的结果大于二,就是说团队的工作成果往往能超过成员个人业绩的总和。

"钢铁大王"安德鲁·卡耐基把他在钢铁业取得的巨大成就都归功于团队的力量,即公司上下的每个成员都朝着一个明确的目标努力,各自奉献自己的经验和学识,共同奋斗,才打下了广阔的钢铁市场。

4. 团队精神的核心就是协同合作

协同合作是任何一个团队都不可或缺的精髓,是建立在相互信任的基础上的无私奉献,团队成员因此而互补互助。

众所周知,比尔·盖茨是一个计算机天才,但是这个开发了 Windows 视窗软件的精英在公司管理方面却显得捉襟见肘,以致微软刚成立就陷入了危机。比尔·盖茨意识到,这主要是因为自己并不擅长管理和经营。于是他请来了史蒂夫·鲍尔默——一个擅长管理的人,哈佛的高才生。史蒂夫用自己随和、开朗的性格,丰富的管理学识和经验使微软摆脱了重重危机,扭转了局势。自微软公布由史蒂夫接任 CEO 后,微软的股价就直线上升,销售额由 2000 年的 230 亿美元涨到了 2004 年的 368 亿美元。

当然史蒂夫和比尔·盖茨只是微软的典型人物,还有很多很多的人共同付出才造就了微软的成功。一个人不可能完美,但团队可以完美。

总之,团队的成功来自团队的向心力和凝聚力,来自团队成员自觉的内心动力,来自达成共识的价值观和奋斗目标。只有志同道合的团队才能走得更远。协作精神是一个人的格局和精神境界,凝聚起来就是一个团队的战斗力和精神风采!

【非一般的工匠 非一般的人生】管仲和鲍叔牙的故事

管仲家贫，但自幼刻苦自学，懂礼仪，知识丰富，武艺高强。他和其挚友鲍叔牙分别做公子纠和公子小白的师傅。齐襄公十二年（公元前 686 年），齐国动乱，公孙无知杀死齐襄王，自立为君。一年后，公孙无知被杀，齐国一时无君，逃亡在外的公子纠和公子小白都力争尽快赶回国内夺取君位。管仲为使纠当上国君，埋伏于中途欲射杀小白，箭射在小白的铜制衣带钩上，小白装死，在鲍叔牙的协助下抢先回国，登上君位，他就是历史上有名的齐桓公。桓公即位，设法杀死了公子纠，也想杀死射了自己一箭的仇敌管仲。但鲍叔牙极力劝阻，指出管仲乃天下奇才，要桓公为齐国强盛着想，忘掉旧怨，重用管仲。桓公接受了鲍叔牙的建议，接管仲回国，不久即拜其为相，让其主持政事，管仲得以施展才华。

管仲和鲍叔牙都是生活在春秋时期的齐国人，也都是齐国著名的政治家，他俩年轻时就成了好朋友，后来一起经历了许多风风雨雨。司马迁在《史记》中重点记述了不少春秋战国时期的故事，现在的许多成语典故都出自那个时期。

一、管鲍分金

管仲二十来岁时就结识了鲍叔牙，起初二人合伙做买卖，管仲因为家境贫寒就出资少些，鲍叔牙出资多些。生意做得还不错，可是有人发现管仲用挣到的钱还了自己欠的一些债。钱还没入账就给花了（现在会计中的名词叫坐支），而且私自花钱恐怕离贪污公款罪也就不远了。更可气的是到年底分红时，鲍叔牙分给他一半的红利，他也就接受了。

这可把鲍叔牙手下的人气坏了，有个人对鲍叔牙说：“他出资少，平时开销又大，年底还照样和您平分效益，显然是个十分贪财的人，要是我是管仲的话，我一定不会厚着脸皮接受这些钱。”鲍叔牙斥责手下道：“你们满脑子装的都是钱，就没发现管仲家里十分困难吗？他比我更需要钱，我和他合伙做生意就是想帮帮他，我情愿这样做，此事你们以后不要再提了。”

二、一起充军

后来这哥俩一起充了军，二人更是相依为命。有一次齐国和邻国开战，双方军队展开了一场大厮杀，冲锋的时候管仲总是躲在最后，跑得很慢，而退兵的时候管仲却飞一样地奔跑。当兵的都耻笑他，说他贪生怕死，领兵的想杀一儆百，拿他的头吓唬那些贪生怕死的士兵。

在关键时刻鲍叔牙站了出来（此时鲍叔牙已当上了基层军官），替管仲辩护道："管仲的为人我最了解不过了，他家有 80 多岁的老母亲无人照顾，他不能不忍辱含羞地活着以尽孝道。"管仲听了鲍叔牙的这番话，感动得流下了热泪，他哭诉道："生我的是父母，而了解我管仲的，唯有鲍叔牙啊！"

过了两年多，管仲的老母病逝，他心中没了牵挂，这才塌下心来为齐国效命，果然比谁都英勇作战，很快就得到了提拔重用。

三、各为其主

后来齐襄公的弟弟公子纠发现管仲是个人才，便要他当自己的谋士。鲍叔牙也被齐襄公的另一个弟弟公子小白看中，拜其为军师。两个好朋友各自辅助一个公子，干得很卖力气。可是好景不长，昏庸的齐襄公总是疑心他两个同父异母的弟弟要篡夺他的王位，就让手下的人找机会干掉公子纠和公子小白。两个公子听到了风声，公子纠就带着管仲跑到鲁国的姥姥家去了，公子小白也带着鲍叔牙跑到莒国的姥姥家避难去了。

公元前 686 年的冬天，暴虐的齐襄公被手下的将士杀死，他的弟弟公孙无知成了齐国的君王。但他当了君王没几个月，就也被手下的大臣杀掉了，齐国当时一片混乱。

流亡在莒国的公子小白和寄居在鲁国的公子纠得到消息后，都觉得自己继承王位的机会来了，急忙打点行装回国争夺王位。

四、阵前对垒

管仲作为公子纠的军师及时提醒他的主子："公子小白所在的莒国离齐国很近，如果他先我们一步回到齐国，我们就没戏了，我看还是我先带一队人马去拦截公子小白，让鲁国派大将曹沫带另一队人马护送您回国。"公子纠笑答："好主意!”

管仲带人马赶到莒国和齐国的交界处时，正碰上鲍叔牙带领一队莒国人马护送公子小白飞驰而来。管仲上前拦住去路，说：“您不好好在姥姥家待着，这是要干什么去呀?”公子小白说：“我回国办丧事去啊!”管仲说：“您的哥哥公子纠已经回到齐国操办此事了，我看您还是返回莒国好好待着吧!”

鲍叔牙虽然和管仲有手足之情，但现在各为其主啊！他瞪着眼睛呵斥管仲：“我们公子回国有自己的事情，你管得着吗？再说你扯的瞎话也瞒不了我鲍叔牙吧！如果公子纠真的回到了齐国，那你干吗带人来拦截我的主公呢?”管仲的谎言被揭穿，脸色通红，一时无言以对。

鲍叔牙不敢耽搁，命令部队火速前进，管仲见状急得要命，要是拦不住公子小白，自己还有啥脸面再见公子纠啊。于是他心一横，搭弓取箭，朝着车上的公子小白用力射去，小白大叫一声，栽倒在车上。管仲见大功告成，便带着人马飞逃而去。

没想到管仲这一箭恰好射在公子小白的衣带钩上，一点儿没伤到人，但公子小白知道管仲的箭法厉害，要是再补一箭他就没命了，于是大叫一声装死倒在车上。见管仲跑了，他才长长地出了一口气。鲍叔牙见公子小白平安无事，大喜，立刻命部队抄小路向齐都全力疾驰。

五、顽抗到底

管仲自以为射死了公子小白，就不慌不忙地护送公子纠向齐国进发，结果到齐、鲁边界的时候，一个齐国的使者拦住了他们的车马，说：“我奉齐国新君王公子小白之命前来通知鲁国，你们不必送公子纠回国了。”

管仲一听，才知道自己没把事情办好，上了公子小白和鲍叔牙的当，一气之下把齐国的使者杀了。公子纠更是什么都不顾了，命令大将曹沫率领仅有的500多鲁国士兵去跟齐国拼命。于是齐、鲁两国开了战，鲁国是个小国，兵马少，又是到齐国门口来打仗，哪有不败的道理呀！幸亏大将曹沫很勇敢，保护公子纠和管仲逃回了鲁国。

公子小白在鲍叔牙的帮助下登上了齐国君王的宝座后，称为齐桓公，后来成为春秋时期的五位霸主之首，这是后话暂且不表。他上台后的第一件事就是清除后患，把他的兄弟公子纠干掉！他命令鲍叔牙领兵30万去攻打鲁国，那时齐国很强大,小小的鲁国为了公子纠这个外甥被迫应战,结果连连败北。鲁国的君王见顶不住了,就派人跟齐国讲和,鲍叔牙提出两个条件:一是要鲁国把公子纠杀了,二是把管仲交给齐国,不然的话决不退兵。鲁国的君王没有别的法子,只好照办,把公子纠的人头和管仲一起交给了齐国。

六、举贤重德

鲍叔牙帮公子小白登上了王位,又帮他杀了公子纠,齐桓公感念鲍叔牙的忠心和所立的大功,要任命其做国相,没想到鲍叔牙死活不肯接受,说:“以前我帮君王做了些事情,那全是凭我对您的忠心就已竭尽全力的,现在您要把国相这么重要的职务交给我,这绝不是仅仅凭我的忠心就可以做好的,您应该找个比我更有才能的人才行啊!”齐桓公说:“在我手下的大臣中,还没发现比你更出众的人才呢!”鲍叔牙说:“我举荐一个人,保证能帮您成就一番霸业!”齐桓公急忙问他:“这个人是谁呢?”鲍叔牙笑着说:“此人就是我的老友——管仲,我把他从鲁国要回来,就是要他帮您的!”

齐桓公一听就火了,拍案而起,说:“这小子拿箭射过我,这一箭之仇我还没报呢,你反而让我重用他?我不把他杀了就不错了!”

鲍叔牙恳切地说:“管仲不顾一切地为公子纠卖命,用箭射杀您,这不正说明他是一个对主子非常讲忠义的人吗?忠心护主是作为臣子起码的准则,他当时那样做没什么不对,现在要治国了,论才华,他远远超过我鲍叔牙啊!您要成就霸业,非得到管仲的辅佐不成。您现在不计前嫌地重用他,他唯一的出路就是死心塌地地为您卖命啊!”

齐桓公是个很有肚量的人,为了齐国的利益,他听从了鲍叔牙的劝说,断然不计前嫌,拜了管仲为国相。

七、成就霸业

管仲很感激好友鲍叔牙,更为齐桓公的大度和睿智所折服,决心鞠躬尽瘁,竭尽全力报效齐桓公。他积极改革内政,发展经济,重新给农民划分土地;由于从小经商,他也很重视和其他国家通商,发展手工业;他还对国家常设的军队进行严格的训练和管理,使之成为一支战斗力很强的军队。由于管仲的改革,齐国在短短几年内就兴盛起来,获得了“九合诸侯,一匡天下”的地位,成就了齐桓公的霸业。

有一次齐桓公和管仲探讨下一任国相的问题，齐桓公问："假如你死了，谁接任国相为好呢？"管仲说出了一个人名。齐桓公又问："那么第二人选呢？"管仲又说了一个人的名字。齐桓公再问："那么第三人选呢？"管仲就又说出了一个人名。齐桓公很不高兴地再次问："那么第四人选呢？"管仲说："那就是鲍叔牙了！"齐桓公说："我真的很奇怪，鲍叔牙对你那么好，听说以前你们一起做生意，他也老让着你，你上了公子纠的贼船，还射过我一箭，要不是鲍叔牙说情，我早就把你杀了，后来鲍叔牙又在我面前积极推荐你为国相，怎么现在请你推荐下一任国相的人选时，你竟然把鲍叔牙放在第四人选的位置上呢？你对得起人家鲍叔牙吗？"管仲说："我们现在是在谈论谁做下一任国相最合适的问题，您并没有问谁是我最感激、最要好的朋友呀！我们私交很好，但是国家利益高于一切啊！"

选自：https://zhidao.baidu.com/question/9660016.html

马云、郭台铭、孙正义结义
——征服下一个时代的“亚洲情结”

物联网“奇点”一触即发，孙正义携马云、郭台铭桃园结义，共谋未来的战略大局。他们将如何实现孙正义10年前的那个梦想？

2008年8月，APEC工商咨询理事会亚太中小企业峰会（ABAC）在杭州举行。软银（Soft Bank）的掌门人孙正义来到现场发表演讲，面对台下的中国中小企业代表，孙正义满怀激情地说道：“谷歌在美国取得了成功，但是我要制造亚洲的成功，我要和你们在一起制造亚洲的成功。和你们在一起，我们将凝聚亚洲的力量，然后去制造全球的成功。就像我说的，软银的愿景，我们的愿景，就是在亚洲发展移动网络，希望我们一起把这件事做成，我希望能够帮助年轻的中国的网络企业家。”

如今一晃过去已快10年了，孙正义依然在实现他当初的梦想的路上。唯一不同的是，今天他所走的路径更清晰，那就是被认为将完全改变人类的生活方式的物联网革命。在早年投资阿里大获成功，去年又拿下了梦寐以求的ARM后，孙正义与另一大盟友——富士康的关系也日益加深。在不经意间，孙正义所打造的覆盖整条物联网产业链的亚洲联盟已渐渐浮出水面。

一、义无反顾

以320亿美元砍下英国脱欧后的第一大并购案ARM，许诺特朗普在美投资500亿美元创造50000个就业岗位，与沙特政府联合建立1000亿美元的Vision投资基金……软银的掌门人孙正义最近频频出镜，俨然成了科技、创投、并购、财经等多个资讯板块的“网红”。然而在半年前，他所执掌的软银还饱受投资失败、债务过多等质疑。

2016年6月，软银出售了其持有的价值为79亿美元的阿里巴巴股票，当时外界普遍认为软银此举是因为其旗下的美国电信运营商Sprint业绩大亏才不得已而为之。同月，软银又将其旗下的赚钱机器——芬兰手游公司Supercell以86亿美元卖给了腾讯，这更加大了外界对软银正在改善财务结构的揣测。然而，在大多数人等着看软银如何靠出售资产来降低杠杆的时候，软银却突然以320亿美元现金收购了英国芯片架构商 ARM，瞬间让所有人惊呆。

这宗交易的成功奠定了软银未来在物联网发展中的重要地位。ARM 的技术架构主要应用于低费用、低功耗、高性能芯片的研发，尤其符合未来移动设备万物互联的需求。ARM 在移动端芯片产业链上游处于统治地位，全世界 99% 的智能手机和平板电脑都在使用其授权的芯片架构。孙正义称 ARM 是他“十年前就看上的东西”，而英国脱欧为他创造了百年一遇的良机。孙正义下手之快，让全世界都始料未及。

如果说收购 ARM 让孙正义有了争夺未来物联网市场的底气，那么 Vision 投资基金的成立则让他一下子挺直了腰杆，开启了挥金如土的全球布局模式。2016 年 10 月，沙特政府出资 450 亿美元邀请孙正义建立规模达 1000 亿美元的 Vision 投资基金，专门投资“信息革命”相关领域，软银出资 250 亿美元，剩下的向他方募集。在如此巨大的资金面前，一向控制欲极强的苹果也怕万一错过某个机会，试探性地跟投了 10 亿美元。目前，高通与甲骨文也出资 10 亿美元投到这个基金中。

有了这个大基金之后，孙正义得以彻底放开手脚。从 2016 年年底至今，软银先后以 10 亿美元投资了美国卫星初创公司 OneWeb；以 33 亿美元现金收购了美国私募基金和资管集团 Fortress；与美国“众创空间鼻祖”WeWork 洽谈 30 亿美元的入资。日前，软银正计划出资 17 亿美元将 OneWeb 与美国商业卫星运营商 Intelsat 合并。尽管尚不确定最近这几笔重磅投资是否来自 Vision，但接二连三的大手笔说明孙正义目前确实手握大把现金，为了他的物联网帝国，他将义无反顾。

二、富士康入局

10 年前，软银通过收购日本沃达丰以及与苹果的战略合作打破了日本电信运营商和手机的格局；如今，软银选择了台湾制造业龙头鸿海集团（富士康）作为除阿里之外的另一大战略合作伙伴。以代工苹果 iPhone 而闻名的台湾制造企业鸿海是怎么和它们走到一起的呢？

软银、阿里与鸿海这三家行业霸主第一次公开联手是在 2015 年，鸿海与阿里巴巴一同入股软银旗下的机器人公司 SBRH（分别占股 20%、20%、60%），鸿海因而接下了软银开发的机器人 Pepper 的生产订单。之后这三家公司又联合投资了印度最大的电商平台之一 Snapdeal。2017 年初，鸿海以 6 亿美元收购了软银旗下的一支亚洲基金公司 54.5% 的股权。这宗交易与其说是收购，不如说是双方更深层次的战略合作，这家名不见经传的基金公司只是软银无数投资分支中的一家，也难怪软银在其官网上将这宗交易称为合资。

多年来，鸿海一直以代工苹果 iPhone 而闻名，其近十年的极速扩张与 iPhone 的热销分不开。根据鸿海近十年的财报，苹果从 2009 年开始成为鸿海的第一大客户，当时占到鸿海年销售额的 24.84%。在那之后，随着 iPhone 越来越热卖，苹果的订单占据了鸿海 50% 以上的销售额，到 2015 年仍然保持在 53.67%。但是，当 2016 年苹果的业绩在最近 15 年首次下滑时，鸿海 2016 年的销售额也跟着下跌了 2.81%。对苹果的高依赖性使得鸿海不得不尽快寻找“另一个苹果”，甚至转型。

事实上，鸿海近年来一直在寻求转型，不仅希望摆脱对苹果产品的依赖，而且希望从传统的代工企业转型为创造型高端制造企业。为了向工业 4.0 升级，鸿海开发了自己的工业机器人 Foxbot，虽然研发进展相对缓慢，但 2016 年已经在中国的富士康工厂部署了 4 万台这样的机器人。同时，为了更快地进入高端制造领域，鸿海 2016 年斥资 38 亿美元收购了日本夏普，2017 年又出现在了竞购价值超 100 万美元的日本东芝闪存业务的名单上。近年来充足的自由现金流为鸿海并购提供了充足的弹药。

另外，在创投界鸿海也投资了近 50 家初创企业，其中大多数来自 O2O 领域，包括滴滴出行、摩拜、美图等。可以看出，鸿海对自己未来的定位就是物联网产业链的上游端——芯片、传感器等元部件的制造以及下游端——智能设备的制造。因此，与创投界的领导企业软银以及中国互联网巨头阿里合作完全符合鸿海未来的战略计划。

三、亚洲联盟

日本籍韩国裔并在美国留学多年的孙正义也许从未把自己当成某个国家的人，当年正是与日本传统刻板的企业文化格格不入让他取得了成功。为了统治下一个物联网时代，他选择建立一个亚洲联盟。

涉及多个交叉领域的物联网产业链可以说涵盖了从硬件到软件的各类高科技产物，芯片、传感器、无线模组、网络运营、平台服务、软件开发和智能设备等无所不及。软银、阿里与鸿海结盟堪称强强联合，这个联盟在未来也许会加入更多强大的合作伙伴，但目前它们各自的业务已基本覆盖了物联网的整条产业链。

在这个联盟中，软银是日本的电信运营商出身，并在2012年通过收购美国当时的第三大电信运营商Sprint进入美国市场。尽管Sprint被收购后大幅亏损，但孙正义一直极力主张通过将Sprint与美国目前的第三大电信运营商T-Mobile合并，以与前两大运营商AT&T和Verizon竞争。近日，有传闻称软银为了与T-Mobile合并，甚至愿意把合并后的控股权让出。由此可见软银对网络传输领域全球布局的重视。

在网络传输领域，软银还布局了当前主流的蜂窝网络（Cellular 4G、5G等）之外的卫星传输网络，就是美国卫星初创公司OneWeb，目前正在寻求通过OneWeb并购美国商业卫星运营商Intelsat。与蜂窝网络必须建立基站不同，卫星传输网络只需发射一定数量的卫星就可覆盖全球所有位置，无论是基建水平较差的非洲还是基站覆盖成本很高的海上。

除了网络传输环节之外，之前也提到软银拥有当前主宰移动芯片顶层设计的ARM，还投资了大量与物联网相关的初创企业，包括以色列的网络安全公司Cybereason。

阿里在物联网产业链中所处的环节主要在中间层。其一，阿里是一个积累了庞大用户数据的电子商务平台；其二，阿里云提供了云存储、云计算、云安全等基础设施服务；其三，阿里也是一个应用开发平台，为物联网开发者提供应用开发工具、后台技术支持等服务。除了以上这些业务外，阿里还拥有全球领先的Fintech平台支付宝。阿里在物联网软件方面的承上启下作用非常明显。

如果说软银和阿里专注的是物联网中“联”和“网”的环节，那么鸿海在联盟中的定位就是物联网中“物”的环节。除了意图收购东芝闪存业务外，鸿海也正在介入汽车制造领域。目前，软银研发的“情感机器人”Pepper已交予鸿海生产。Pepper可以被视作一款智能设备终端，但要像苹果iPhone那样大批量生产还有待时日。总之，一切和实体制造相关的环节都是鸿海愿意涉足的。

四、软银推出的机器人Pepper

未来，我们很可能见到更多软银、阿里与鸿海三方之间的合作。一个很有意思的巧合就是在美国总统特朗普正式上任前夕，孙正义于2016年12月与特朗普洽谈在美国投资 500 亿美元、创造 50000 个就业岗位的事宜，接着马云在 2017 年 1 月与特朗普见面，紧随其后的是郭台铭，他表示将在美国投资 70 亿美元建面板厂……

当然，除了这个亚洲联盟之外，全球的科技巨头都将角逐物联网这一万亿级的市场。其中有中国的物联网全产业链玩家——华为，也有美国的老牌科技巨头——谷歌、特斯拉、亚马逊、苹果、高通等，它们也在招兵买马、组建联盟。一场争夺下一个时代的洲际大战已经打响。

选自：http://www.sohu.com/a/127835859_618572

【传工匠之魂　铸匠人之心】
三个和尚挑水故事新编

导语：由三个和尚没水吃到三个和尚采用不同的办法达到共同的目的，关键在于不局限于固有的思维，发扬团结协作、良性竞争、开拓创新的精神。故事新编，给了我们新的启发！

有一句老话，叫“一个和尚挑水吃，两个和尚抬水吃，三个和尚没水吃”。现在的观点是“一个和尚没水吃，三个和尚水多得吃不完”。

有三个庙，都离河边比较远，怎么解决吃水问题呢？

第一个庙，由于挑水的路比较长，一个和尚挑了一缸水就累了，不干了。于是三个和尚商量，咱们来个接力赛吧，每人挑一段路。第一个和尚从河边挑到半路停下来休息，第二个和尚继续挑，然后转给第三个和尚，由其挑到缸边灌进去，再把空桶拿回去接着挑，这样大家都不累，水很快就挑满了。这是协作的办法，也叫“机制创新”。

第二个庙，老和尚把三个徒弟叫来，说我们立下新的庙规，引进竞争机制。三个和尚都去挑水，谁挑得多，晚上吃饭加一道菜；谁挑得少，吃白饭，没菜吃。三个和尚拼命去挑水，一会儿水就挑满了。这个办法叫“管理创新”。

第三个庙，三个和尚商量，天天挑水太累，咱们想想办法。山上有竹子，他们把竹子砍下来连在一起（竹子中心是空的），做成水道，然后买了一个辘轳。第一个和尚摇辘轳，把一桶水从河里摇上去，第二个和尚专管倒水，第三个和尚在地上休息。三个和尚轮流换班，一会儿水就灌满了。这叫“技术创新”。

选自：http://www.360doc.com/content/11/1127/13/1062929_167727214.shtml

将相和

导语：如果两人争权夺利，只顾自己的利益，国家都有可能灭亡，更别提两人自己的利益了。所以说，团结协作使将与相都吃到了“草”。

既罢，归国，以相如功大，拜为上卿，位在廉颇之右。廉颇曰：“我为赵将，有攻城野战之大功，而蔺相如徒以口舌为劳，而位居我上，且相如素贱人，吾羞，不忍为之下。”宣言曰：“我见相如，必辱之。”相如闻，不肯与会。相如每朝时，常称病，不欲与廉颇争列。已而相如出，望见廉颇，相如引车避匿。

于是舍人相与谏曰：“臣所以去亲戚而事君者，徒慕君之高义也。今君与廉颇同列，廉君宣恶言而君畏匿之，恐惧殊甚，且庸人尚羞之，况于将相乎？臣等不肖，请辞去。”蔺相如固止之，曰：“公之视廉将军孰与秦王？”曰：“不若也。”相如曰：“夫以秦王之威，而相如廷叱之，辱其群臣，相如虽驽，独畏廉将军哉？顾吾念之，强秦之所以不敢加兵于赵者，徒以吾两人在也。今两虎共斗，其势不俱生。吾所以为此者，以先国家之急而后私仇也。”

廉颇闻之，肉袒负荆，因宾客至蔺相如门谢罪。曰：“鄙贱之人，不知将军宽之至此也！”卒相与欢，为刎颈之交。

庄子·人间世(节选)

庄周

导语："普天之下，莫非王土。"人不可能孤立于世，在家有父母和亲人，在外有领导、同事和朋友。一个人无论遇到怎样的状况，都能安之若命，孝亲尽忠，就是道德修养的最高境界。

叶公子高将使于齐，问于仲尼曰："王使诸梁也甚重，齐之待使者，盖将甚敬而不急，匹夫犹未可动，而况诸侯乎！吾甚慄之。子常语诸梁也曰：'凡事若小若大，寡不道以欢成。事若不成，则必有人道之患；事若成，则必有阴阳之患。若成若不成而后无患者，唯有德者能之。'吾食也执粗而不臧，爨无欲清之人。今吾朝受命而夕饮冰，我其内热与！吾未至乎事之情而既有阴阳之患矣！事若不成，必有人道之患。是两也，为人臣者不足以任之，子其有以语我来！"

仲尼曰："天下有大戒二：其一命也，其一义也。子之爱亲，命也，不可解于心；臣之事君，义也，无适而非君也，无所逃于天地之间。是之谓大戒。是以夫事其亲者，不择地而安之，孝之至也；夫事其君者，不择事而安之，忠之盛也；自事其心者，哀乐不易施乎前，知其不可奈何而安之若命，德之至也。为人臣子者，固有所不得已。行事之情而忘其身，何暇至于悦生而恶死！夫子其行可矣。丘请复以所闻：凡交近则必相靡以信，远则必忠之以言，言必或传之。夫传两喜两怒之言，天下之难者也。夫两喜必多溢美之言，两怒必多溢恶之言。凡溢之类妄，妄则其信之也莫，莫则传言者殃。故法言曰：'传其常情，无传其溢言，则几乎全。'且以巧斗力者，始乎阳，常卒乎阴，大至则多奇巧；以礼饮酒者，始乎治，常卒乎乱，大至则多奇乐。凡事亦然：始乎谅，常卒乎鄙；其作始也简，其将毕也必巨。夫言者，风波也；行者，实丧也。风波易以动，实丧易以危。故忿设无由，巧言偏辞。兽死不择音，气息茀然，于是并生心厉。克核大至，则必有不肖之心应之，而不知其然也。苟为不知其然也，孰知其所终！故法言曰：'无迁令，无劝成，过度益也。'迁令劝成殆事，美成在久，恶成不及改，可不慎与！且夫乘物以游心，托不得已以养中，至矣。何作为报也！莫若为致命，此其难者。"

和自己竞争，与别人合作

李丹崖

导语：作者小时候种了一棵玉米，这棵玉米在别人的疑惑中开花结果了，这一奇异的事情引出了“和自己竞争，与别人合作，谋求共赢”的主题。

小时候，我曾效仿大人在墙角的空地上种过一棵玉米，从它冒出嫩黄嫩黄的玉米芽儿开始，我就给它浇水、施肥。许多人都说单棵的玉米是长不高的，因为没有别的玉米和它比，就像吃饭的孩子没有别的孩子和他争着吃，饭是不香的。我不信，依然坚持着。

一个月后，玉米上爬了一条爬山虎的藤蔓，如水蛇一般顺着玉米往上攀缘，已经和玉米齐高了。又过了一个月，玉米长得比我高出半头，还开花了。懂农事的大人又说，还是赶紧拔掉这棵玉米吧，单独的一棵，不能授粉，更不能结籽，只能当柴烧。

我还是坚持把玉米留了下来。几天后，爬山虎开花了，整棵玉米如穿上了火红的裙子，非常喜人，只是一个墙角，竟破天荒地招来了蜂蝶，嘤嘤嗡嗡地飞舞其间。

那个秋天，玉米结出了四个大个头的果实，个个籽粒饱满，玉米上的爬山虎开了两个多月的花，成了墙角动人的风景。

大人看似牢不可破的经验被打破了，他们也觉得纳闷，这样的玉米怎么会结果呢？

后来，他们悟出了道理，原来是爬山虎和玉米互相帮助了彼此。孤零零的一棵玉米，本来是没有劲头往上长的，突然爬山虎给它的身体增加了重量，它若不往上长，势必会被爬山虎缠死，于是玉米为了免于灭亡，拼命地积聚能量强大自己，此刻玉米是在和自己较劲，胜了自己，也就赢得了这场战争的胜利。后来，爬山虎开花了，帮玉米招来了蜂蝶，那些蜂蝶有的来自田间的玉米丛，身上沾上了花粉，阴差阳错地给墙角的这棵玉米授了粉。

跟自己较量，和别人共用能量，这就是玉米和爬山虎实现共赢的奥秘！生活中不也是如此吗？

有这样一种人，他们总是走别人很少涉足的路，无边的孤寂不能击垮他们，漆黑的夜幕不能吓退他们，他们的心永远在前方，他们永不停步地赶路，最终他们成功了。你若问他，你是怎么扛过来的？他会说，我一直觉得在路的前方有一个更光明的“我”在等着我，我要迎头赶上去，看看那个“我”长什么样子。你若再问他，在追赶前面的那个“我”的时候就没有遇到一丁点儿“路障”吗？他会说，我在追赶自己的那个“我”的时候，别人也在追赶属于他们的“我”啊，我们联合起来，共同扫清了“路障”啊！

和自己竞争，与别人合作，是生命道路上的两条铁轨，沿着它们，我们奔走在通往辉煌的路上。

选自：https://www.meipian.cn/lbdn4zg

华为任正非用人“四砍”
——团队协作、集体奋斗是企业之魂

很多人都用狼来形容华为的团队协作精神。“胜则举杯相庆,败则拼死相救”,团队协作是华为的核心价值观的重要体现。华为的团队协作精神是如何打造的?

要让员工围绕着既定的目标,相互包容,相互信任,相互协作,而不是相互计较,相互猜忌,相互拉扯,需要头狼(任正非)有卓越的领导能力。这其中有什么秘诀?根据笔者在华为工作期间的观察和亲身体会,结合任正非的内部讲话,笔者认为所谓的华为狼性团队合作文化是任正非用大刀“砍”出来的,是通过一套简单的规则约束出来的。

一砍:砍掉高层干部的手和脚

任正非强调要砍掉高层干部的手和脚,只留下脑袋用来仰望星空、洞察市场、规划战略、运筹帷幄。高层干部不能习惯性地扎到事务性工作中,关键是要指挥好团队作战,而不是自己卷着袖子和裤脚下地埋头干活。任正非要砍掉他们的手和脚,就是要他们头脑勤快,而不是用手脚的勤快掩盖思想的懒惰。高层干部要确保公司做正确的事情,要保证进攻的方向是对的,要确保进攻的节奏是稳妥的,要协调好最优的作战资源。笔者走访了国内一些企业,发现总经理在做总监的事,总监在做经理的事,经理在做员工的事,员工在谈论国家大事。

二砍:砍掉中层干部的屁股

中层干部承上启下,至关重要。任正非曾经大声疾呼,华为想强大,就必须强腰壮腿,中层就是腰,基层就是腿,腰是中枢。砍掉中层干部的屁股,在华为有三层含义。

首先,砍掉中层干部的屁股就是要打破部门本位主义,不能屁股决定脑袋,不能各人自扫门前雪,只从本部门的利益出发开展工作。坚决反对不考虑全局利益的局部优化、没有全局观的干部主持工作。

其次,砍掉中层干部的屁股就是要走出办公室,下现场和市场,实行走动管理,答案在现场,现场有神灵。中层干部不能只坐在办公室里面打打电话,听听汇报,看看“奏折”,而要将指挥所建在听得见炮声的地方,要亲赴一线指挥作战。任正非本人也经常下一线体察民情，巡回督战。据说，任正非不满华为的某些干部不愿下现场和一线，讥笑他们吝惜自己的皮鞋，于是送皮鞋给他们，年底评价这些干部的依据就是看谁的鞋底磨得快。

最后，砍掉中层干部的屁股就是要让他们的眼睛盯着客户和市场，屁股对着老板，而不是眼睛盯着老板揣摩“圣意”，屁股对着客户不理不睬。华为的核心价值观就是始终坚持以客户为中心，快速响应客户的需求。凡是屁股对着客户的干部，要坚决砍掉他的屁股，让他下台。

三砍：砍掉基层员工的脑袋

华为的员工都是高级秀才，为了把这些清高的“秀才”改造成能征善战的“兵”，任正非可是煞费苦心。他在各种场合都强调要服从组织纪律，建设流程化组织，建立业务规则。基层员工，不管是硕士还是博士，都必须遵守公司的流程制度和规则。他在致新员工的一封信中明确指出，华为反对基层员工下车伊始就“哇啦哇啦”，不了解情况就给公司写万言书，对公司的发展激昂陈词，指点江山。基层员工必须按照流程把事情简单、高效地做正确，不需要自作主张，随性发挥，因此要砍掉他们的脑袋。

华为的高层干部要有决断力，中层干部要有理解力，基层员工要有执行力，唯有坚定不移地砍掉他们多余的手和脚、屁股、脑袋，减少冲突，让他们各谋其位、各司其职，才能形成攻无不克、战无不胜的狼性团队。

四砍：砍掉一身营养过剩的“赘肉”

任正非管人用人还有关键一砍，没有这一砍，前面三砍就是白砍；没有这砍，就没有整个组织“脑袋”“屁股”“手和脚”的协同；没有这一砍，貌似强大的组织也只是虚胖；没有这一砍，即使成长为霸王龙也难以逃脱物竞天择的命运。这一砍是任正非管人用人的最低也是最高要求，就是砍掉员工的“惰怠”，砍掉一身营养过剩的“赘肉”。

首先，要砍掉不劳而获的幻想。

任正非在致新员工的信中明确指出：“进入华为并不意味着高待遇，公司是以贡献定报酬，凭责任定待遇的，新员工因为没有记录，晋升较慢，因此我们十分抱歉。”要想取得成功，得到认可，任正非明确要求：“希望您丢掉速成的幻想，学习日本人的踏踏实实，德国人一丝不苟的敬业精神。您想提高效益、待遇，只有把精力集中在一个有限的工作面上，才能熟能生巧，取得成功。”华为旗帜鲜明地提出以奋斗者为本的核心价值观就是要坚定不移地砍掉员工的“惰怠”。公司将员工区分为奋斗者和劳动者，把晋升、薪酬、奖金、配股、成长机会等利益分配向奋斗者大幅倾斜，让奋斗者得到合理的回报；通过绩效和劳动态度评价，实行差别考核，将不愿意奋斗的员工逐步淘汰。

其次，要砍掉居功自满的思想。

华为从一个名不见经传的民营企业发展成为如今排名72（2018年数据）的世界500强企业，是华为的全体员工奋斗的结果。公司硕果累累，员工钱包鼓鼓，大批员工不用为"五斗米"而奋斗了，躺在功劳簿上歇一歇的思想开始蔓延。公司以往的配股分红机制导致坐车的人多，拉车的人少，如何持续激发小富即安的员工的斗志，成为华为前进道路上最大的问题。任正非在内部讲话时强调："我们要不断激活队伍，防止'熵死'。我们绝不允许出现组织'黑洞'，这个黑洞就是惰怠，不能让它吞噬了我们的光和热，吞噬了活力。"

任正非在2006年更是以《天道酬勤》为题，鸿篇大论地阐述了艰苦奋斗是华为文化的魂，是华为文化的主旋律，警醒了某些沾染了娇骄二气，开始安于现状、乐于享受，放松了对自我的要求，怕苦怕累，对工作不再兢兢业业，对待遇斤斤计较的干部和员工。警告某些干部，如果不能改正，就给他们开欢送会。

任正非一方面撩动着胡萝卜，通过"金牌员工"奖、"天道酬勤"奖、"蓝血十杰"奖、"明日之星"奖煞费苦心地激励员工奋斗；另一方面又挥舞着大棒，通过市场部集体大辞职（1996年）、员工集体辞职后竞聘上岗（2008年）、废除工号制度、干部后备队项目（员工被淘汰后再改造、再学习项目）等殚精竭虑地涤荡员工的惰性。

最后，要砍掉封闭狭隘的理想。

华为倡导艰苦奋斗的核心价值观，不仅是行为上的艰苦奋斗，更重要的是思想上的艰苦奋斗，思想上的大格局、大视野。具体讲有如下三层含义。

其一，要有工匠精神。要时刻思考工作是否可以再改善、再优化，今天与昨天比是否有进步，与标杆公司的差距是否在缩小。要时刻保持危机感，面对成绩保持清醒的头脑，不骄不躁。

其二，要有自我批评的精神，这是华为的核心价值观之一。华为在《华为人》报、《管理优化》报、公司文件和大会上不断公开自己的不足，披露自己的错误，勇于自我批判，丢掉面子，丢掉错误，不断进取。故步自封，拒绝批评，忸忸怩怩，终将走向失败，走向死亡。公司董事会成员都架着大炮《炮轰华为》；中高层干部都发表《我们眼中的管理问题》，厚厚一大摞心得，每一篇文章在发表前任正非都会亲自审阅；员工也可以在心声社区上发表批评，如某员工发表的题为《华为，你将被谁抛弃——华为十大内耗问题浅析》的文章就曾反响强烈，任正非要求管理干部学习并输出心得。

其三，要在思想上保持开放、妥协和灰度，破除封闭的、僵化的、狭隘的思想。在内部管理上，公司提倡部分高级干部走“之”字形跨部门轮岗发展的路径，提倡部门间“掺沙子”，将最贴近一线的干部掺到中后台部门任正职，以推倒思想上的部门墙，拉通流程，高效运行。在外部发展上，任正非强调华为要开放地吸取“宇宙”能量，加强与全世界科学家的对话和合作，支持同方向科学家的研究，积极参加各种国际产业与标准组织、各种学术讨论，多与能人喝咖啡，从思想的火花中感知发展方向，以消除狭隘的民族自尊心、狭隘的华为自豪感、狭隘的自我品牌意识，拥抱先进文化，融入世界，力将“竞争对手”的称呼改为“友商”，努力形成既竞争又合作的良性商业生态环境。

毛主席曾说过，“思想这个阵地，你不占领，别人就会占领”。要团结华为的20多万知识分子，持续艰苦奋斗，攻城略地，光砍掉高层干部的“手和脚”，中层干部的“屁股”，基层员工的“脑袋”，未必能组织团队形成有效的战斗力，还必须砍掉员工的惰怠思想，消除满肚子、满脑子的“赘肉”，才能让20多万华为员工凝聚成“会跳舞的”企业巨人，巍然挺拔，屹立不倒。

选自：http://xinsheng.huawei.com/cn/index.php?app=forum&mod=Detail&act=index&id=3780955&search_result=1（华为心声社区）

思考与拓展

一、想一想如果没有协作,我们的生活、工作会怎样?

二、阅读《华为任正非用人“四砍”——团队协作、集体奋斗是企业之魂》和《马云、郭台铭、孙正义结义——征服下一个时代的“亚洲情结”》,谈谈在现代工业文明中协作精神的重要性。

三、结合对《管仲和鲍叔牙的故事》、《将相和》、《庄子·人间世》(节选)的学习领悟,谈谈你对忠、孝和奉献精神的理解。

四、拓展活动。

1. 生死电网

目的:培养决策及有效实施的能力,充分发挥长处的意识;明确个人在集体中的定位和所起的至关重要的作用。

任务:在规定的时间内,团队穿越一道与地面垂直的“电网”。

2. 卓越圈

目的:培养主动沟通的意识;加强不同部门间紧密协作、优势互补的团队精神;培养积极进取的竞争意识和争当第一的拼搏精神;活跃团队的氛围,增进成员间的感情。

任务:在最短的时间内,小组中的成员依次通过直径为 1 米的绳圈。

【匠心筑梦 成就人生】

1.《团队精神》

作者李慧波,新华出版社

推荐理由:时代需要英雄,更需要优秀的团队。只有优秀的团队才能陶冶出集高瞻远瞩和尽心尽职于一身的管理大师,造就勤勉、诚信、团结、高效、自律的员工队伍,使组织、企业、团队朝着更高、更远的目标不断迈进。单打独斗的时代已经过去,我们需要高效的团队,企业的核心竞争力是经过有效磨合的团队。一个企业如果没有团队精神将成为一盘散沙,一个民族如果没有团队精神将无所作为。

2.《团队协作的五大障碍》

作者帕特里克·兰西奥尼,译者华颖,中信出版社

推荐理由:《团队协作的五大障碍》与《谁动了我的奶酪》《鱼》同为畅销的经典管理寓言书,全球超百万管理者和员工热读并深切受益。只要你是团队中的一员,就能在书中找到自己的影子。这不是一本经理人的专有读物,它同样适用于各级管理人员和普通员工。读懂这本书,将其用于你的团队建设中,则实现高效的团队协作并不难。这不是一本向你"理论"管理的书,从娓娓道来的情节叙述中,你能悟出营造团队协作氛围的实用妙招。

3.《没有谁能独自成功——赢自团队》

作者江乐兴、王菊林,中国纺织出版社

推荐理由:该书在大量运用现实生活中的例子的同时,也引经据典,用古人、名人的看法来佐证协作能使生活更加美好。该书的描写生动形象,丝毫不枯燥地阐述了团队精神及其重要性。

第五章　独具匠心，师古不泥古

古代中国人不仅具有工匠精神，而且具有创新精神。四大发明中的指南针，也就是司南，不仅是一个科学发明，更是一件艺术品。类似的例子还有很多，比如地动仪、赵州桥。工匠精神与创新精神之间的关系应该是既有工匠精神，又有创新精神，这样才能无往不胜；失去了创新精神的工匠精神，等于因循守旧，注定被时代淘汰；失去了工匠精神的创新精神，等于投机取巧，得到了现在却失去了未来。所以，这两种精神缺一不可。

创新是以现有的思维模式提出有别于常规或常人思路的见解作为导向，利用现有的知识和物质，在特定的环境中，本着理想化需要或为满足社会需求而改进或创造新的事物（包括产品、方法、元素、路径、环境），并能获得一定的有益效果的行为。

创新精神是国家和民族发展的不竭动力，也是现代人应该具备的素质。创新精神属于科学精神和科学思想的范畴，是进行创新活动必须具备的一些心理特征，包括创新意识、创新兴趣、创新胆量、创新决心以及相关的思维活动。

创新精神是一种勇于摒弃旧思想、旧事物，创立新思想、新事物的精神。例如：不满足已有的认识（掌握的事实、建立的理论、总结的方法），不断追求新知；不满足现有的生活生产方式、方法、工具、材料、物品，根据实际需要或新的情况，不断进行改革和革新；不墨守成规（规则、方法、理论、说法、习惯），敢于打破原有的框框，探索新的规律、新的方法；不迷信书本、权威，敢于根据事实和自己的思考质疑书本和权威；不盲目效仿别人的想法、说法、做法，不人云亦云、唯书唯上，坚持独立思考，说自己的话，走自己的路；不喜欢一般化，追求新颖、独特、异想天开、与众不同；不僵化、呆板，灵活地应用已有的知识和能力解决问题……都是创新精神的具体表现。

创新精神是科学精神的一个方面，它与其他方面的科学精神不是矛盾的，而是统一的。例如：创新精神以勇于摒弃旧思想、旧事物，创立新思想、新事物为特征，同时以遵循客观规律为前提，只有当创新精神符合客观需要和客观规律时，才能顺利地转化为创新成果，成为促进自然和社会发展的动力；创新精神提倡新颖、独特,同时受到一定的道德观、价值观、审美观的制约;创新精神提倡独立思考、不人云亦云,并不是不倾听别人的意见、孤芳自赏、固执己见、狂妄自大,而是团结合作、相互交流,这是当代创新活动不可缺少的方式;创新精神提倡胆大、不怕犯错误,并不是鼓励犯错误,只是出现错误的认知是科学探究过程中不可避免的;创新精神提倡不迷信书本、权威,并不是反对学习前人的经验,只是任何创新都是在前人的成就的基础上进行的;创新精神提倡大胆质疑,但质疑要有事实和思考的根据,并不是虚无地怀疑一切……

所以,"独具匠心"的创新不是一味地求新、求变,而是"师古而不泥古"。什么是"师古而不泥古"?通俗地说"师古"就是以前人为师,学习前人的优秀成果,提高现代人的实际水平;"泥古"就是墨守成规,对前人的东西照本宣科,不思变通。几千年的汉文化之所以能被不断继承、传颂和弘扬,就是由于"师古",学习前人的优秀成果,不断充实、提高,打牢坚实的基础,而后求新、求变、求发展。但如果连基本功都没掌握就开始求新、求变、求发展,是违背事物发展规律的,没有坚实的功底何谈继承,更谈不上发展。总之,要用全面、辩证的观点看待创新精神。只有具有创新精神,才能在未来的发展中不断开辟新的天地。

【非一般的工匠 非一般的人生】
突破营销

在传统的广告体系中,广告人强调的一直是创意,创新更多的是技术领域或者商业模式中的词。不过在技术无所不在、信息量巨大、领域之间的界限正在变得模糊的今天,营销更具挑战性,品牌传播只靠一句打动人心的文案、一则煽情的视频广告或许已经不够了。

因此国际4A的竞争力开始下降,与此同时,一大批新型营销公司诞生了,包括社交媒体、直播平台甚至新闻媒体。如今品牌需要的不只是创意,还有创新思维——打破广告原有的媒介限制,去创造让人们眼前一亮的新事物。

界面新闻选择了2016年里10个具有创新意义的营销案例。它们来自各个行业,创新的方式各不相同。尽管它们当中有的并不完美,甚至一度引起争议,却恰好诠释了创新精神——创新即意味着风险。

1. 美宝莲纽约直播:2小时卖出1万支口红

创新者:美宝莲纽约

虽然现在品牌找明星直播已经成为日常,但敢在直播上第一个高调吃螃蟹的大品牌是美宝莲纽约。

2016年4月,美宝莲纽约的新品发布会请来了杨颖助阵,并配合淘宝视频全程直播。从堵车在途与粉丝闲聊到在后台补妆时与观众分享自己的美妆小技巧,杨颖的每个赶场细节都被收录进了直播镜头,营造出了明星触手可及的感觉。

此外,还有50位美妆博主与杨颖同步直播。他们从50个视角、以不同的解说方式向观众展示化妆师为模特化妆的全过程。

这场直播带来了超过500万人次的观看量和超过1万支口红的销售额。在此之后,随着天猫和淘宝的手机APP不断完善其直播功能,品牌通过直播卖货成了电商的常态。

2. 新世相:逃离北上广

创新者:新世相

新世相原本是一个安静的文艺公众号,2016年却突然成了营销圈的热门话题。从7月联合航班管家举办的“逃离北上广”活动到“丢书大作战”活动，它以微信公众号为切入口，成功地打破了线上、线下的界限，把事件活动做成了社交媒体传播的爆款。

尽管这些活动后期引发了一些关于价值观的争议，但它们无疑是内容创业在形式、传播方式以及变现模式上的大胆尝试。

3. 时尚先生 × 宝马 MINI：跨界营销的成功尝试

创新者：《时尚先生 Esquire》

过去品牌与杂志合作的广告往往无法摆脱纸媒形式的限制，《时尚先生 Esquire》却突破了这一点。

《时尚先生 Esquire》与宝马 MINI 的合作，除了常规的平面拍摄宣传，还尝试了微电影、直播、时尚短视频等形式，开启了时尚新媒体的营销新模式。

《时尚先生 Esquire》为宝马 MINI 定制了主题为“从文艺青年到新绅士”的宣传，请来井柏然、阮经天、杨祐宁和秦昊四位男星拍摄封面大片、视频广告，还与映客合作，请四位明星全程直播。

4. 淘宝2楼：晚上10点开始营业的淘宝“夜市”

创新者：淘宝

在电商平台布局内容营销的大趋势下，淘宝的内容化尝试——系列短剧《一千零一夜》显得格外成功。

这个奇幻风格的短剧每周三、周四晚10点更新，用户只能在晚上6点到第二天早晨7点间下拉手机淘宝首页进入淘宝2楼才能观看这个围绕美食展开的短剧。

实际上这是淘宝通过讲故事卖货的一种尝试——用户可以在观看短剧时直接进入商品页面购买故事中出现的食物。这种电商导流方式成效斐然：比如第一集《鲅鱼水饺》，截至视频推出的第二天上午7点，相关店铺就售出了34万只水饺、近5吨牛肉丸，销量翻了150倍。

淘宝2楼仅在晚上开放的形式和贴近都市人生活的短剧内容让淘宝变得更个性化。在这之后，国内掀起了一股电商做网剧的潮流。

5. 支付宝的微信公众号

创新者：支付宝

过去两年，支付宝的微信公众号惊艳了不少人。“山无棱，天地合，都不许取关！”这是关注支付宝的微信公众号后弹出的自动回复。和常见的企业公众号画风完全相反，支付宝的微信公众号很少发正统的品牌公告，也很少给自家的服务做硬广，而是把原本无趣、生硬的品牌内容用年轻人喜欢的语言包装起来，比如《先别着急睡》打开后就只有一句话“把明天的闹钟开开”。

这个公众号是支付宝在社交媒体领域与年轻人沟通的一个大胆尝试。大公司的公众号一般都由新媒体团队运营，发布的内容需要经过层层审核和各种对企业形象的考量。而支付宝却放权把微信公众号交给一个1987年出生的员工全权负责，其用个人化的任性风格把支付宝的微信公众号捧成了“网红”。

6.《深圳晚报》：把报纸头版变成开屏广告

创新者：《深圳晚报》

不懂为什么
就是突然想打个广告

南宁圈
我们只是一家来自广西壮族自治区的自媒体
说明：我和楼下那位没啥关系

《深圳晚报》2016年5月25日A01版

从2016年5月起，《深圳晚报》的头版便经常用简单粗暴或带有浓厚的网络用语风格的广告夺人眼球。在纸媒被不断唱衰的互联网时代，《深圳晚报》大胆地把严肃的新闻头版变成了广告位，并在广告创意上推陈出新。

虽然严肃的新闻头版能否设置大幅广告仍然是充满争议的话题,但这一做法的确让人们开始重新关注报纸这种宣传方式,并为《深圳晚报》创造了可观的营收。

7. 积家 × Papi 酱:奢侈品牌与网红合作的勇敢尝试

创新者:积家

奢侈品牌在营销上走的始终是“不出错”的保守路线,这在很大程度上与有趣开放、强调平等互动的年轻网络文化脱节了。积家今年 12 月找来了博主 Papi 酱为其拍摄广告,这是奢侈品牌试图迎合年轻消费者的勇敢尝试。

8. 故宫淘宝:火力全开来卖萌

创新者:故宫淘宝

这些品牌案例中的“最会卖萌奖”大概可以颁给故宫。在许多人眼中贴着“老古董”的标签、和国家紧密挂钩的故宫博物院通过紧跟潮流的淘宝店和微信公众号,正在转型成一个可爱又机智的“网红”。

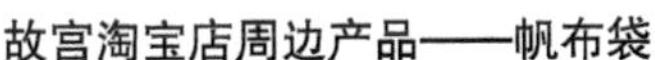

故宫淘宝店周边产品——帆布袋

故宫淘宝店周边产品——折扇

故宫在淘宝店铺中推出了各种活泼可爱的周边产品:御前侍卫便签夹、“朕亦甚想你”折扇、写着“回避”“肃静”的帆布包、彰显高贵身份的奏折笔记本等。店铺的亮黄色装帧、微信公众号活泼的文风摆脱了人们印象中刻板、沉重的历史形象,深受年轻人喜爱,也让更多的年轻人开始对历史感兴趣。

这种充满创意的营销形式一扫过去博物馆的古板形象,成了许多其他博物馆效仿的对象。

9. 味全每日 C 拼字瓶

创新者:味全

饮料品牌玩瓶子营销并不新鲜，从可口可乐的个性标语到百事可乐的emoji瓶，消费者逐渐审美疲劳，不过2016年味全推出的一系列更强调互动的瓶子创意还是成功地引起了年轻人的兴趣。

空白的“Say Hi”瓶、和电视剧《微微一笑很倾城》合作的台词瓶以及拼字瓶，这一系列更新瓶身的做法不仅让味全这个进入中国15年的老品牌变得年轻起来，也直接促进了每日C销量的大幅提升。2016年每日C果汁的销售额实现了同比增长40%。

选自：http://www.jiemian.com/article/1022065.html? _t=t（界面新闻）

【传工匠之魂 铸匠人之心】
詹天佑修铁路

导语：京张铁路是中国人自行设计和施工的第一条铁路干线，是中国人民和中国工程技术界的光荣，也是中国近代史上中国人民反帝斗争的一个胜利。

詹天佑，字眷诚，江西婺源人，1861年（清咸丰十一年）出生在一个普通的茶商家庭。儿时的詹天佑对机器十分感兴趣，常和邻居家的孩子一起用泥土仿做各种机器模型。有时，他还偷偷地把家里的自鸣钟拆开，摆弄和琢磨里面的构件，并提出一些大人也无法解答的问题。1872年，年仅12岁的詹天佑到香港报考清政府筹办的"幼童出洋预习班"。考取后，他父亲在一张写明"倘有疾病生死，各安天命"的出洋证明书上画了押。从此，他辞别父母，怀着学习西方"技艺"的理想到美国就读。

在美国，出洋预习班的同学们目睹了西方科学技术的巨大成就，对机器、火车、轮船及电信制造业的迅速发展赞叹不已。有的同学由此对中国的前途产生了悲观的情绪，詹天佑却怀着坚定的信念说："今后，中国也要有火车、轮船。"他怀着为祖国富强而发奋学习的信念刻苦学习，于1878年以优异的成绩毕业于纽哈芬希尔豪斯中学。同年5月考入耶鲁大学谢菲尔德理工学院土木工程系，专攻铁路工程。在大学的四年中，詹天佑刻苦学习，在毕业考试中名列第一。1881年，在120名回国的中国留学生中，获得学位的只有2人，詹天佑就是其中一个。

回国后，詹天佑满腔热忱地准备把所学的本领贡献给祖国的铁路事业。但是清政府的洋务派官员迷信外国，在修筑铁路时一味依靠洋人，竟不顾詹天佑的专业特长，把他差遣到福建水师学堂学驾驶海船。1882年11月，詹天佑又被派往旗舰"扬武"号担任驾驶官，指挥操练。1883年，中法战争爆发，第二年，蓄谋已久的法国舰队陆续进入闽江，蠢蠢欲动。但是主管福建水师的投降派船政大臣何如璋却不闻不问，甚至下令："不准先行开炮，违者虽胜亦斩！"詹天佑便私下对"扬武"号的管带（舰长）张成说："法国兵船来了很多，居心叵测。虽然我们接到命令不准先行开炮，但我们绝不能不预先防备。”由于詹天佑的告诫，“扬武”号十分警惕，作好了战斗的准备。当法国舰队发起突然袭击时，詹天佑冒着猛烈的炮火，沉着、机智地指挥“扬武”号左来右往，避开敌方的炮火，抓住战机用尾炮击中了法国的指挥舰“伏尔他”号，使法国海军远征司令孤拔险些丧命。对这场海战，由上海英商创办的《字林西报》在报道中惊异地赞叹：“西方人士料不到中国人会这样勇敢力战。‘扬武’号兵舰上的五个学生，以詹天佑的表现最为勇敢。他临大敌而毫无惧色，在生死存亡的紧要关头还镇定如常，鼓足勇气从水中救起多人……”

从战后到1888年，詹天佑几经周折转入中国铁路公司担任工程师，这是他献身中国铁路事业的开始。

刚上任不久，詹天佑就遇到了一次考验。当时从天津到山海关的津榆铁路修到滦河，要造一座横跨滦河的铁路桥。滦河河床泥沙很深，又遇到水涨急流。铁路桥开始由号称世界第一流的英国工程师主持设计，但失败了；之后请日本工程师实行包工，也不顶用；最后让德国工程师出马，不久也败下阵来。詹天佑要求由中国人自己来修建，负责工程的英国人在走投无路的状况下只得同意让詹天佑试试。

詹天佑是一个认真、踏实的人，他分析、总结了三个外国工程师失败的原因后，身着工作衣与工人一齐实地调查，缜密测量。夜晚，借着幽暗的油灯，仔细研究滦河河床的地质构造，反复分析比较，最后确定了桥墩的位置，并且大胆决定采用新方法——“压气沉箱法”进行桥墩的施工。詹天佑果然成功了，滦河大桥建成了。这件事震惊了世界：一个中国工程师居然解决了三个外国工程师无法解决的大难题。

詹天佑初战告捷后，立刻遇到了更严峻的考验。1905年，清政府决定兴建我国第一条铁路京张铁路（北京至张家口）。英俄都想插手，但由于中国人民强烈反对，他们的企图没能得逞。英俄使臣以威胁的口吻说：“如果京张铁路由中国工程师自己建造，那么与英俄两国无关。”他们原以为这么一来中国就无法建造这条铁路了，但在关键时刻，詹天佑毫不犹豫地接下了这个艰巨的任务，全权负责京张铁路的修筑。消息传来，英国报刊挖苦说：“中国能够修筑这条铁路的工程师还在娘胎里没出世呢！中国人想不靠外国人自己修铁路，就算不是梦想，至少也得五十年。”他们甚至攻击詹天佑担任总办兼总工程师是“狂妄自大”“不自量力”。詹天佑顶着压力坚持不任用一个外国工程师，并表示：“中国地大物博，而于一路之工务必借重外人，我以为耻！”“中国已经醒过来了，中国人要用自己的工程师和自己的钱来建筑铁路。”

1905 年 8 月，京张铁路正式开工，紧张的勘探、选线工作开始了。詹天佑带着测量队，身背仪器，日夜奔波在崎岖的山岭上。一天傍晚，猛烈的西北风卷着沙石在八达岭一带呼啸怒吼，刮得人睁不开眼睛，测量队急着结束工作，填了个测得的数字就从岩壁上下来了。詹天佑接过本子，一边翻看填写的数字，一边疑惑地问：“数据准确吗？”“差不多。”测量队员回答说。詹天佑严肃地说：“技术的第一个要求是精密，不能有一点儿模糊和轻率，‘大概’‘差不多’这类说法不应出自工程人员之口。”之后，他背起仪器，冒着风沙，吃力地攀到岩壁上，认真地复勘了一遍，修正了一个误差。当他下来时，嘴唇都冻青了。

不久，勘探和施工进入了最困难的阶段。八达岭、青龙桥一带山峦重叠，陡壁悬岩，要开四条隧道，其中最长的达一千多米。詹天佑经过精确的测量、计算，决定采取分段施工法：从山的南北两端同时对凿，并在山的中段开一口大井，从井中向南北两端对凿。这样既保证了施工质量，又加快了工程进度。凿洞时，石块全靠人工一锹锹地挖，涌出的泉水要一担担地挑出来，身为总工程师的詹天佑毫无架子，与工人同挖石、同挑水，一身污泥一脸汗。他鼓舞大家说：“京张铁路是我们用自己的人、自己的钱修建的第一条铁路，全世界的眼睛都在望着我们，务必成功！”“无论成功或失败，绝不是我们自己的成功或失败，而是我们国家的成功或失败！”

为了克服陡坡行车的困难，保证火车安全地爬上八达岭，詹天佑独具匠心，创造性地运用了“折返线”的原理，在山多坡陡的青龙桥地段设计了一段人字形线路，从而减少了隧道的开挖，降低了坡度。列车开到那里，配合两台大马力机车一拉一推，即可保证列车安全上坡。

詹天佑对全线工程提出了“花钱少，质量好，完工快”三项要求。经过工人们不懈奋斗，京张铁路最后在 1909 年 9 月全线通车。工程原计划六年完成，结果只用了四年就提前完工了，且工程费用只及外国人估价的五分之一。一些欧美工程师乘车参观后啧啧称道，赞誉詹天佑了不起。但詹天佑却谦虚地说：“这是京张铁路一万多员工的力量，不是我个人的功劳，光荣是属于大家的。”

京张铁路建成后，詹天佑又当选了粤汉铁路督办兼总工程师。这时，美国决定授予他工学博士学位，要他亲自去美国参加授衔仪式。但为了全力参加祖国的铁路建设，他放弃了这一荣誉。

辛亥革命后，詹天佑为了振兴铁路事业，和同行一起成立中华工程师会，并被推为首任会长。在任期间，他对青年工程技术人员的培养倾注了很多心血，除了以自己的行为做出榜样外，还勉励青年“精研学术，以资发明”，要求他们“勿屈己徇人，勿沽名而钓誉。以诚接物，毋挟褊私，圭璧束身，以为范例”。

詹天佑从事铁路事业三十多年，几乎和当时我国的每一条铁路都有不同程度的关系。后因积劳成疾，不幸于 1919 年病逝。周恩来同志曾高度评价詹天佑的功绩，说他是“中国人的光荣”。

选自：https://zhidao.baidu.com/question/67126272.html

百工圣祖——鲁班

导语：鲁班生活在春秋末期到战国初期，出身于世代工匠的家庭，从小就跟随家里人参加过许多土木建筑工程劳动，逐渐掌握了生产劳动的技能，积累了丰富的实践经验，鲁班的名字已经成为古代劳动人民智慧的象征。

相传有一年，鲁班接受了一项建筑一座巨大的宫殿的任务。这座宫殿需要很多木料，鲁班就让徒弟们上山砍伐树木。由于当时没有锯子，他的徒弟们只能用斧头砍伐，但这样做效率非常低，他们每天起早贪黑地拼命干，累得筋疲力尽，也砍伐不了多少树木，远远不能满足工程的需要，导致工程进度一拖再拖。眼看着工程期限越来越近，这可急坏了鲁班，他决定亲自上山察看砍伐树木的情况。上山的时候，由于不小心，他无意中抓了一把山上长的一种野草，一下子将手划破了。鲁班很奇怪，小草为什么这样锋利？于是他摘下了一片叶子仔细观察，发现叶子两边长着许多细齿，用手轻轻一摸，这些细齿非常锋利。他明白了，他的手就是被这些细齿划破的。然后鲁班又看到一只大蝗虫在一株草上啃吃叶子，它的两颗大板牙非常锋利，一开一合，很快就吃了一大片叶子。这同样引起了鲁班的好奇心，他抓住一只蝗虫，仔细观察蝗虫牙齿的结构，发现蝗虫的口器上同样排列着许多细齿，蝗虫正是靠这些细齿咬断草叶的。这两件事给鲁班留下了极其深刻的印象，也使他受到了很大的启发，陷入了深深的思考。他想，如果把砍伐木头的工具做成锯齿状，不是同样会很锋利吗？砍伐树木也就容易多了。于是他用大毛竹做了一条带有许多小锯齿的竹片，然后用小树做试验，结果果然不错，几下子就把树皮拉破了，再用力拉几下，小树就被划出一道深沟，鲁班非常高兴。但是竹片比较软，强度比较低，不能长久使用，拉了一会儿，小锯齿就有的断了，有的变钝了，需要更换竹片。这样会影响砍伐树木的速度，且使用太多竹片也是很大的浪费。看来竹片不宜作为制作锯子的材料，应该寻找一种强度、硬度都比较高的材料来代替它，这时鲁班想到了铁片。于是他和徒弟立即下山，请铁匠帮助制作带有小锯齿的铁片，然后回到山上继续实践。鲁班和徒弟各拉一端，在一棵树上拉了起来，只见他俩一来一往，不一会儿就把树锯断了，又快又省力，锯就这样发明出来了。在鲁班之前肯定有不少人碰到过手被野草划破的情况，为什么只有鲁班从中受到启发发明了锯？这值得我们思考。大多数人只认为这是一件生活小事，不值得大惊小怪，往往在治好伤口以后就把这件事忘掉了。而鲁班有比较强烈的好奇心和创造性思维，很注意对生活当中的一些微小事件的观察、思考和钻研，从而找到解决问题的方法和思路，甚至获得某些创造性发明。这告诉我们一个道理，留意生活中不起眼的小事，勤于思考，能增长许多智慧。除了锯以外，鲁班还发明了许多木工工具，古书对此有很多记载。

选自：https://zhidao.baidu.com/question/2077048905255109348.html?fr=iks&word=%C2%B3%B0%E0++%CF%E0%B4%AB%D3%D0%D2%BB%C4%EA%2C%C2%B3%B0%E0%BD%D3%CA%DC%C1%CB&ie=gbk

创造宣言（节录）

陶行知

导语：创造主未完成之工作，让我们接过来，继续创造。宗教家创造出神来供自己崇拜；省事者把别人创造的现成之神拿来崇拜；恋爱无上主义者造出爱人来崇拜；美术家，如罗丹，一面造石像，一面崇拜自己的创造。

教育者不造神，不造石像，不造爱人。他们所要创造的是真善美的活人。真善美的活人是我们的神，是我们的石像，是我们的爱人。教师的成功是创造出值得自己崇拜的人。先生之最大的快乐，是创造出值得自己崇拜的学生。说得正确些，先生创造学生，学生也创造先生，学生、先生合作创造出值得彼此崇拜之活人。倘若创造出丑恶的活人，不但是所塑之像失败，亦是合作塑像者之失败。倘若活人之塑像是由于集体的创造，而不是个人的创造，那末（么）成功、失败也属于集体而不仅仅属于个人。在一个集体中，每一个活人之塑像，是这个人来一刀，那个人来一刀，有时是万刀齐发。倘使刀法不合于交响曲之节奏，便处处是伤痕，而难以成为真善美之活塑像。在刀法之交响中，投入一丝一毫的杂声，都是中伤整个的和谐。

教育者也要创造值得自己崇拜之创造理论和创造技术。活人的塑像和大理石的塑像有一点不同，刀法如果用得不对，可能万像同毁；刀法如果用得对，则一笔下去，万龙点睛。

有人说：环境太平凡了，不能创造。平凡无过于一张白纸，八大山人挥毫画他几笔，便成为一幅名贵的杰作。平凡也无过于一块石头，到了飞帝亚斯、米开朗基罗的手里，成为不朽的塑像。

有人说：生活太单调了，不能创造。单调无过于坐监牢，但是就在监牢中，产生了《易经》之卦辞，产生了《正气歌》，产生了苏联的国歌，产生了《尼赫鲁自传》。单调又无过于沙漠了，而雷塞布竟能在沙漠中造成苏伊士运河，把地中海与红海贯通起来……

可见，平凡、单调只是懒惰者之遁辞。既已不平凡不单调，又毋需乎创造。我们要在平凡中造出不平凡；在单调中造出不单调。

有人说:年纪太小,不能创造,见着幼年研究生之名而哈哈大笑。但是当你把莫扎特、爱迪生及冲破父亲数学层层封锁之帕斯卡的幼年研究生活翻给他看,他又只好哑口无言了。

有人说:我是太无能了,不能创造。可是鲁钝的曾参,传了孔子的道统;不识字的慧能,传了黄梅的教义。慧能说:“下下人有上上智。”我们岂可以自暴自弃呀! 可见无能也是借口……

有人说:山穷水尽,走投无路,陷入绝境,等死而已,不能创造。但是遭遇八十一难之玄奘,毕竟取得佛经;粮水断绝、众叛亲离之哥伦布,毕竟发现了美洲;在冻饿病三重压迫下之莫扎特,毕竟写出了《安魂曲》。绝望是懦夫的幻想。歌德说:没有勇气,一切都完。是的,生路是要靠勇气探出来,走出来,造出来的。但这只是一半真理,当英雄无用武之地时,除了大无畏之斧,还得有智慧之剑、金刚之信念与意志,才能开出一条生路……

所以,处处是创造之地,天天是创造之时,人人是创造之人,让我们至少走两步退一步,向着创造之路迈进吧。

……

创造之神,你回来呀!……只要你肯回来,我们愿意把一切——我们的汗、我们的血、我们的心、我们的生命——都献给你……只要有一滴汗、一滴血、一滴热情,便是创造之神爱住的行宫,就能开创造之花,结创造之果,繁殖创造之森林。

选自:《陶行知教育论著选》,人民教育出版社,董宝良(主编),喻本伐、周洪宇(选编)

宽容失败就是鼓励创新

徐锋

导语:创新何以迸发巨大的能量?从“物”的角度看,一个物理或化学上的改变可能对该物体产生颠覆性的影响,诞生一个全新的物体,打破旧有的物理环境。

有效创新(发明)就是让一个个新的“物”“无中生有”,给人类带来福祉——比如发电机、电脑、疫苗乃至拉链。对于万物复杂、微妙百倍的“人”而言,任何组织上的细微改变都可能对个体及其关系造成革命性的影响。体制上的有效创新可以将这种影响引向积极的方向,提高社会效率、促进人类文明——比如代议制、货币、流水线乃至小岗村的满纸红手印。

创新如此重要,按理说有意识的创新行为应该被全社会当成宝贝、精心呵护才对,然而从古至今却留下了不少令人扼腕的遗憾——商鞅,创新并建立了秦国的政治、军事和经济制度,“秦民大悦”,却难得善终,遭车裂之刑;哥白尼,创立了“日心说”,却被世人嘲笑为异想天开……今日,在不少地方和部门,虽然不太可能出现迫害或打击创新者的行为,但种种有意或无意、积极或消极地抑制创新的言行和气候依然存在。

举凡种种,缘由无非下述两种。

其一,利益作祟。创新必先破旧,创新,尤其是体制创新,往往就是利益的重组。在既得利益者的眼中,创新所带来的进步意义不足挂齿,自己因此招致的有形、无形的利益损失才是头等大事。他们自然会成为创新者脚下的地雷、头上的利刃,秦国贵族对商鞅的肉体消灭如是,宋代大官僚大地主集团对王安石的打击如是,清末保守势力对维新派的围剿亦如是……

其二,“失败观”不正。实践—认识—再实践—再认识,是人类的认识深化的过程。创新亦如此,不可能一蹴而就,更不可能100%成功。因此,鼓励创新就必须放手探索、宽容失败,对探索失败应开通一些,何况有些曾被视为“失败”的东西其实包含了成功的因素。当前,一些地方和部门满足于固有的成绩和经验,不求有功但求无过,不仅丧失了锐意进取和创新的精神,万事安全第一,而且对创新者看不惯、瞧不起,视之为“愣头青”“没经验”“无常识”,稍有闪失便横加封杀。

由此可见，要在全社会营造解放思想、勇于创新的氛围，首先要“清障”，即政府有关部门不仅要坚决从“与民争利”的行业中退出，而且要完善有利于公平竞争的市场环境。其次要“宽容”，在文明进步的社会中，对待创新不应有“成王败寇”的思维，而应倡导“失败乃成功之母”的观念，给创新者更大的空间，这样大家“吃螃蟹”的劲头方能高涨。此外，应营造鼓励创新的“软环境”，建立“创新保险机制”，让大家在创新的途中消除后顾之忧，放开手脚轻装上阵。

选自：http://news.hexun.com/2008-02-24/104012110.html

思考与拓展

一、《创造宣言》中写道："刀法如果用得不对，可能万像同毁；刀法如果用得对，则一笔下去，万龙点睛。"你怎么理解？陶行知认为教育最大的成功是什么？为获得这一成功，教育者要注意哪些问题？

二、结合鲁班发明创造的故事和《墨子·鲁问》中墨子与鲁班的谈话，谈一谈对创新发明和仁爱礼义的关系的理解。

公输子削竹木以为鹊，成而飞之，三日不下，公输子自以为至巧。墨子谓公输子曰："子之为鹊也，不如匠之为车辖，须臾刘（当为"斵"，即"斫"）三寸之木，而任五十石之重。故所为功，利于人谓之巧，不利于人谓之拙。"

三、拓展活动（任选一个）。

1. 通天塔

任务：每队利用固定数量的地垫、绳索，集合大家的聪明才智搭建一座尽可能高的塔，而且要保持地垫的完好，不许折叠、裁剪，看哪个队搭得最高。其意义是在资源有限的情况下，拓展思路，巧想办法，把任务完成的。在规定时间内看哪个队搭的层数最高，以层数计算各队的成绩。

2. 摩斯密码

任务：将一系列数据或者各种信息用肢体语言有效传递。

【匠心筑梦 成就人生】

1.《创新之路》

中央电视台2016年6月出品,共十集

推荐理由:《创新之路》以每集45分钟的长度在央视财经频道黄金时间隆重推出。该片是对当今世界创新格局的一次梳理和瞭望,着眼于当下,以世界上几次重大的产业升级为线索,发掘其形成原因、核心技术、重要人物等。

2.《创新者的窘境》(The Innovator's Dilemma)

作者克莱顿·克里斯坦森,译者胡建桥,中信出版社

推荐理由:该书分析了计算机、汽车、钢铁等行业的创新模式,一针见血地指出失败的管理是导致这些企业衰败的原因,并通过一些具有行业领导地位的公司成败的经验教训提出了抓住机遇性创新现象的一些原则。

3.《创新的启示》

作者路甬祥,中国科学技术出版社

推荐理由:该书参照当下中国科学界关注的焦点问题——创新,解读100年来物理、化学、天文学、信息科学、生物学等学科的发展,解读引领这些学科发展的科学家们的贡献,展现了科学、技术发展的趋势以及面貌,科学、技术以及制造业如何相互融合和促进,科技创新的体制和机制,创造、发明与市场的紧密联系。

4.《知识创新思维方法论》

作者刘助柏,机械工业出版社

推荐理由:该书把自然科学与社会科学融为一体,从哲学的高度对科学研究——知识创新的认识规律进行了论述。系统阐述了知识创新是一项系统工程,科学课题来源于三大信息,感性—温知—理性认识的演变及其在科研活动中的阶段性作用,正确进行知识创新的四大要素,创新能力的四个基本条件等。

第六章　雄心壮志，做中国创客

一、创业精神的本质和概念

创业精神是创业者在创业过程中的重要行为特征的高度凝练，主要表现为勇于创新、敢当风险、团结合作、坚持不懈等。创业精神的本质是创新意识和主动精神。

从概念上说，创业精神是创业者的主观世界中具有开创性的思想、观念、个性、意志、作风和品质等。

二、创业精神的内涵

从理论上说，创业精神有三个层面的内涵：一是哲学层次的创业思想和创业观念，是人们对创业的理性认识；二是心理学层次的创业个性和创业意志，是人们创业的心理基础；三是行为学层次的创业作风和创业品质，是人们创业的行为模式。

三、创业精神的来源

创业精神就是在创业过程中激发出来的潜能。创业的动机来自达成某个目标的愿望，这种强烈的愿望是所有成就的起点。每个人身上都具有成功的潜在品质，只是有些人没有发现和激发这种潜能，因此人生只能停留在平庸和失败中。但凡创业成功的人，都是先有创业的动机，而后才慢慢具备了创业的技能。

一个心理学研究表明：成功的人仅仅发挥了自身潜能的 6%，也就是说还有 90% 以上的潜能被埋没了。人的大脑里有 150 亿 ~200 亿个智能细胞，它们具有巨大的潜能，是威力无穷的宝藏，只要肯付出努力去学习，就会发现好些以前想不到的事情自己竟然可以做到！因为人在大多数情况下都是边干边学，在实践中激发自己的潜能，因此可以说创业实践就是创业精神的来源。

四、创业精神的培养

创业既是一种能力,又是一种精神。如果说资金和项目对创业者非常重要的话,那是否具有创业精神才是更重要的大问题。创业者自身的素质是创业成败的关键,而创业精神需要在创业的过程中慢慢培养,创业者的素质和能力,包括创业者的创业精神,都是可以培养和提高的。

(一)创业者是可以培养的

上海第一财经频道的主持人崔艳在 2009 年 4 月 5 日采访德丰杰全球创业投资基金的创始人汤姆·威尔斯时提问:“您认为创业者可以培养吗?”汤姆·威尔斯立刻给予肯定的答复:“当然。”毋庸置疑,创业是可以学习的。

每一个创业者在创业初期都应该对已经创业成功或没有创业成功的人进行尽可能多的了解,当然这种了解不应对自己的创业产生束缚。人们学会的每一件事都是实践的结果,每一个创业者在创业的历程中都不可避免地犯过错误,任何一位企业家都会牢记自己经历了怎样的磨难才取得了今天的成功,其中最典型的就是汽车大王亨利·福特破产过四次!

创业实践证明:学习别人成功的经验,可以使人更快地成功;汲取别人失败的教训,可以使人不复制失败。

(二)向成功者学习成功的经验

学习是获得经验的捷径,没有谁天生就有丰富的经验,所有经验都是人们经历之后才获得的。“实践出真知”,只有在挫折中“吃一堑长一智”,才能积累有用的经验。假如想拥有经验,梦想创业成功,最好的办法就是向创业经验丰富的人讨教,分析成功企业家的案例,借鉴他们的经验,行动起来。

所以,不要在山脚下向没有登过山的人请教攀登到山顶的经验,而要向那些成功攀到顶峰的人请教。没有登过山的人怎么可能教给别人登山的技巧呢?

(三)学会独立观察和思考问题

学习那些成功企业家的案例,不难发现他们的眼里到处都是机会。他们很少抱怨,总是用一双善于发现的眼睛去寻找别人看不到的商机。他们总是具有独特的思路和见解,而且行为也通常异于常人,有时甚至不为大多数人所接受。他们从来不人云亦云,所以才成了人群中的佼佼者。具有不同于常人的思维方式和不盲目追随“羊群效应”的行为方式,是成功企业家的普遍特点。

（四）创业者都是英雄

敢冒风险是成功人士的另一个特点。风险和机遇是一对孪生兄弟，如果只选别人尝试过的四平八稳、无风险的事去做，必将与很多机会擦肩而过。都说机会只光顾有准备的头脑，事实上机遇在很多时候都给了敢于承担风险的人。

汤姆·威尔斯说："创业者都是英雄。"因为创业者在决定迈出创业这一步的时候，就不再管前路是成功还是失败，而是做好了迎接挑战的准备。

【非一般的工匠 非一般的人生】
“饿了么”大学生创业团队的故事

从 2008 年在宿舍创业，到 2015 年获得 E 轮融资，拥有几千名员工，服务范围从上海交大周边快速扩展到全国 250 个城市，这便是在线外卖订餐平台“饿了么”的快速发展轨迹。

一、创意来源

张旭豪和几位同学玩游戏玩到半夜 12 点，饿了，无处叫餐。“为什么晚上没有地方叫外卖呢?”于是这一未被满足的需求被他们发现了。大家一阵热烈讨论，有人说：我们包个外卖吧！没想到，创业激情从此被点燃了。

二、观察市场

他们暗访一家家饭店，观察他们午间、晚间接了多少个外卖电话、送了多少外卖，发现市场需求确实很大。于是他们承揽下订餐和送餐的业务，几个月下来，竟然有 17 家饭店的外卖服务被他们包了下来。他们印广告、接电话、订餐、送餐，忙得不亦乐乎。从午间到晚间，他们有 150~200 个订单，但是问题出现了，他们实在忙不过来了。

三、开发平台

业务越来越忙，张旭豪开始考虑 C2C 的模式，就是顾客订餐以后，由饭店直接送餐。为了实现顾客在任意地方搜索周边的饭店—顾客订餐—饭店客户端收到订单—饭店送餐这个流程，他和他的团队花了半年的时间开发平台，又过了两年的时间，“ele.me”（饿了么）网站终于上线了。平台推出以后，加盟店迅速达到了 30 家，每天的订单也增加到 500~600 个，同时获得了各类创业大赛的奖励和基金的扶持。

四、积累客户

“饿了么”团队拿下上海交大所在的闵行区的客户之后，又开始进军华东师范大学、松江大学。开发市场，他们的诀窍就是“扫街”，一家家饭店去谈，一家家饭店签约，有时为拿下一个合同竟然谈了40多个回合！就这样一点点积累客户，“饿了么”团队完成了从量变到质变的过程，在2011年得到了来自美国硅谷的风险投资，开始向全国市场进军；到2015年，E轮融资金额达3.5亿美元，投资方为中信产业基金、腾讯、京东、大众点评及红杉资本。

五、创业感悟

在接受媒体采访时，张旭豪敞开心扉道出了自己创业的一些感悟。

其实互联网创业产品还是最重要的，我觉得创始人一定要花很多心思在自己的产品上面，对很多需求一定要想明白，一定要解决好。

我觉得团队非常重要，一个团队要经历几波大的挫折以后才能真正稳固起来。我觉得一个比较有战斗力的团队一般需要一到两年才能形成。

现在资本很热，大家大多先为了一个idea去融一笔钱，再想怎么做，好像没有人想创业的初心。我觉得虽然融了很多钱，但还是要清楚自己做的是什么产品，服务的是谁，怎么去完成。

张旭豪表示，下一步的目标是成为市值达一千亿美元的公司，并不排除IPO的可能。

“做餐饮业的淘宝！”这就是张旭豪团队的雄心！

选自：《大学生创业基础》，清华大学出版社，李肖鸣、孙逸、宋柏红（主编）

从 0 到 4000 亿美元
——亚马逊创始人的五条创业经验

自 1995 年 7 月上线至今，亚马逊已经发展为一家年收入超过 1300 亿美元、市值近 4000 亿美元的互联网巨头，亚马逊的创始人贝佐斯也早已被各方赞誉为世界级商业领袖。尽管取得了巨大的成就，但贝佐斯一直维持着低调的公众形象，极少接受媒体采访。

对大多数创业者来说，如今功成名就的贝佐斯是他们仰望的对象，很难模仿。笔者查阅了贝佐斯早年的经历，把他创办亚马逊的五条经验总结出来，供创业者参考。

经验一：不要轻易创业，创业前先加入创业公司

和大多数不甘平凡的人一样，贝佐斯很小时就认为自己将来会做出一番事业。在上大学之前，贝佐斯就创办了名为“DREAM Institute”的培训班，通过教五年级的学生新知识、新思维方式获得了媒体的关注和报道。

1986 年贝佐斯从普林斯顿大学毕业时，放弃了 Intel 、Bell Labs、AT & T 等知名公司的工作机会，选择加入了一家名为 Fitel 的小创业公司。贝佐斯也曾想过大学毕业后立马创业，但担心经验不足，选择加入一家创业公司可以更好地了解创业，为未来做准备。

贝佐斯加入 Fitel 成为其第 11 名员工，才华很快得到展现，工作不到一年，23 岁的贝佐斯就成了 Fitel 实际上的第二负责人。由于 Fitel 的创始人退出了公司的运营，贝佐斯在 Fitel 待了两年后跳槽到了 Bankers Trust，26 岁的贝佐斯成为该公司最年轻的副总裁。

在 Bankers Trust 期间，贝佐斯差点儿和 Halsey Minor（1994 年创办了 CNET）一起创业，后来由于承诺的投资未到作罢。不甘心的贝佐斯于 1990 年 12 月以副总裁的身份加入了另外一家创业公司 D. E. Shaw，领导该公司的创新部门，继续为未来独立创业做准备。

从 1986 年大学毕业到 1994 年从 D. E. Shaw 离开创建亚马逊，贝佐斯花了 8 年的时间积累。他待过的 Fitel 和 D. E. Shaw 是典型的创业公司，有才华的人

在创业公司往往能很快地突出来受到重用，从而比加入大公司获得更快的发展。更重要的是亲历创业公司的成长，这为贝佐斯后来独立创业起到了重要作用。

经验二："风口"很重要，顺势而为才能大成

1994 年春，D. E. Shaw 的老板让贝佐斯研究互联网，看能否为公司提供新机会。贝佐斯发现了互联网的神奇增速：用户年增长 2300%。尽管 1994 年时互联网用户基础很小，但 2300% 的增速还是让贝佐斯兴奋不已。当想法无法在 D. E. Shaw 实现时，贝佐斯决定在这个快速增长的互联网领域创业。

很多创业者创业的初衷是因为强烈的理想，也有一些创业者创业是因为看到了"风口"，贝佐斯属于后者。对贝佐斯来说，在互联网领域创什么业不重要，重要的是不能错过"风口"。贝佐斯选择做网络零售，不是因为他喜欢零售行业，而是因为他认为通过互联网售卖商品是一个很好的机会。

在选择以什么商品品类作为切入点时，贝佐斯也不是以自己最喜欢为标准。他详细分析了 12 个品类，最终从用户熟悉度、市场规模、竞争格局、标准化等维度出发，选择了图书作为切入点。对贝佐斯来说，要通过数据做最好（而不是自己最喜欢）的决定。

后来的事实证明，1994 年夏天贝佐斯从 D. E. Shaw 离职加入互联网创业浪潮，是顺势而为的绝佳时期。当时，由 Netscape（网景）和 Yahoo（雅虎）带动的第一波互联网热潮正要兴起，亚马逊经过一年的准备于 1995 年 7 月上线时，正好赶上了这波热潮，无论是在获取流量还是获得融资上都受益匪浅。

上线不到两年，1997 年 5 月，在最好的时间点亚马逊顺势首次公开募股，获得资本助力，很快地从图书品类扩展到其他品类，也从美国市场扩展到国际市场。尽管也遭受了 2000 年科技泡沫破灭的冲击，但亚马逊凭借良好的基础成功渡过了难关，成长为今天的互联网巨头。

经验三：创业要有归零的心态，有光环也要从零开始

贝佐斯在创业之前待过三家公司，都担任相当重要的职位，带领的团队人数从几个到几十个。贝佐斯在这几家公司负责过很重要的项目，为他在业内建立了很好的口碑。

尽管如此，当贝佐斯决定创业时，他十分清楚自己需要从零开始。他毕业后

一直待在寸土寸金的纽约曼哈顿工作,创业时他搬到了西雅图而不是硅谷,其中一个重要原因是西雅图的各项成本更低(当然,西雅图也有足够多的人才)。贝佐斯把房子租在了西雅图的卫星城 Bellevue,亚马逊的第一个办公场所就在租住的房子的车库里。

这一方面是学习硅谷的车库创业文化,但更多的是贝佐斯创业归零心态的表现。一个能体现出贝佐斯节俭的广为人知的故事是:最开始亚马逊没有办公桌,贝佐斯就将废旧的门板做成缺腿的办公桌用来办公。由于缺桌子,在刚开始的一段时间,包括贝佐斯在内的创始团队只能每天晚上跪在地上包装图书发货。

从高端的华尔街金融行业投身到互联网创业,从一开始,贝佐斯就把艰苦朴素刻入亚马逊的文化,这使得亚马逊有别于豪华型创业公司,不追求表面的华丽,一直以运营效率为第一考量。即便后来上市了,亚马逊依然不改艰苦朴素的风格,这就是其在 2000 年的科技泡沫中存活下来的原因之一。

经验四:押上信誉找亲朋好友要钱,努力让亲朋好友获得回报

贝佐斯决定创业时,并没有写商业计划书,因为他并不想立马找投资机构要钱。贝佐斯最开始的想法是,先用自己的钱验证商业模式是否行得通。项目启动后,贝佐斯向自己的父母筹集了 10 万美元的资金。虽然是亲人,但贝佐斯采取的方式是出让亚马逊的一些股份,让父母做投资人,并且阐明了投资有很大的风险。除了亲人外, 1995 年底,因为朋友为其做信誉保障,贝佐斯获得了 20 多名个人投资者共 98.1 万美元的投资。

贝佐斯工作 8 年存的钱加上父母的 10 万美元、朋友们近 100 万美元的投资,是亚马逊上线一年内能用的全部资金。父母和朋友在不了解互联网的前提下投资亚马逊,完全是信任贝佐斯的为人。

找亲朋好友投资,贝佐斯押上了自己的信誉。好的是在贝佐斯的带领下,亚马逊此后发展顺利。1996 年,亚马逊获得了 KPCB 800 万美元的融资; 1997 年 5 月亚马逊成功首次公开募股后,贝佐斯的父母和朋友都获得了丰厚的回报。大多数人找父母借钱创业,让父母承担风险却无法享受回报,与之相比贝佐斯显然更负责任。

经验五：用低薪+股份招越来越优秀的人

贝佐斯有一个招人哲学：任何岗位，招进一个人后就把该岗位的招人门槛提高，这样就能确保亚马逊整体的人才水准不断提高。被招进的员工会庆幸自己及时拿到了亚马逊的录用通知，因为随着招人门槛越提越高，几年后以同样的水平就进不了亚马逊了。

亚马逊喜欢招"怪人"，除了基础素质外，有特殊技能的人会受到亚马逊的青睐。因为亚马逊常年高强度工作，有特殊技能的员工能调节氛围。同时，相较于有经验的人，亚马逊更青睐有事业心但无经验的人。因为对于网络零售这样的新领域，很多时候经验并不管用。

但是网络零售是一种非常烧钱的创业，亚马逊从1995年上线到2002年都处于巨额亏损中。尽管亚马逊迅速上市，能从资本市场中获得资金支持，但其各方面都缺钱是事实。在招人方面，亚马逊能开出的薪资并不高。工作强度大、薪资也不高，贝佐斯用期权来补足：达到一定服务年限的员工可以获得期权带来的回报。亚马逊的创始员工在公司上市后都获得了不错的回报。

除了上面的五条经验外，贝佐斯的亚马逊最终能创业成功还有很多其他因素。贝佐斯既有远见，又关注细节。亚马逊既专制又鼓励创新，使其既高效又不失创新。贝佐斯总结的亚马逊成功的经验可以浓缩成简单的几个字：以顾客为中心，立足长远。

选自：http://m.sohu.com/a/125437597_114732

【传工匠之魂 铸匠人之心】
摩拜单车创始人胡玮炜：
疯狂做好一件事情就是成功

导语：2017 年 8 月 5 日，为期两天的 Rebuild 2017 极客公园奇点创新者峰会在北京诺金酒店召开。蔚来汽车创始人兼董事长李斌、摩拜单车创始人兼 CEO 胡玮炜、大象保险创始人兼 CEO 杨喆、Video++ 创始人兼 CEO 金证济苍等创业者参与了活动并进行了主题演讲。

摩拜单车创始人兼 CEO 胡玮炜分享了创立摩拜单车之初的故事，并回答了摩拜单车到底是什么以及未来的发展策略等问题。

胡玮炜决定做摩拜单车的时候，很多人不理解，甚至直接质疑和反对。胡玮炜的前老板，极客公园的创始人张鹏就是其中之一。

其中的原因显而易见，胡玮炜决心做一种能够让大家随便骑、随时停的单车，这在张鹏看来是一个巨大且极冒险的工程。“我的第一印象就是，这得花多少钱，这得投多少辆单车，”张鹏抿嘴笑着说道，“所以当时我就认为我的产品总监疯了。”

但从目前的结果来看，胡玮炜无疑获得了成功。

从数据上来看，全国的自行车骑行率已经从过去的 5% 增长到了现在的 10%，这意味着在出行生态层面，骑行已经被越来越多的人认可。2017 年 5 月，国内权威第三方数据调研机构速途研究院发布的《2017 年第一季度国内共享单车市场调研报告》显示，摩拜单车已占据共享单车市场 57% 的份额，是 ofo 市场份额的 1.3 倍了。

被问及当初如何下决心做这个项目的时候，胡玮炜回答道：“自己并没有想太多，很多时候考虑得多不见得是一件好事，如果一开始就把所有可能遇到的困难都列举出来，很可能直接给自己一个下马威，自己都不相信自己的这个决定。”

所以当时做摩拜的时候，胡玮炜只做了原型和框架，至于细节性的东西，她解释为并没有进行过多深入的思索。

当被问及为什么要花费这么多时间在共享单车上时，胡玮炜稍稍思索了一下，然后讲道："我个人认为共享单车重新定义了自行车，它不同于私有的自行车。我们想实现需要用车时随时可以找到，且能够找到完好的、能够使用的单车。这是非常具有创新性的做法，也是非常具有'freestyle'的事情。"

胡玮炜在介绍自家产品的时候不无骄傲地说道："摩拜单车从一开始就采用了不怕被扎的实心胎、更加耐用的全铝合金车身、隐藏在后轮毂中的电动机，将科技元素融入其中。"由于造价较高，摩拜单车走上了一条完全不同于 ofo 的发展道路。

在过去的一年里，胡玮炜很大一部分时间都用在了造车方面。到目前为止，摩拜单车已经更新了几代，为的就是不断提高用户体验。张鹏在现场饶有兴趣地将一辆最新款的摩拜单车"风轻扬"悬空提了起来，亲自感受了摩拜单车的魅力。

当被问及对摩拜单车的印象时，胡玮炜讲道："那一定是生活方式了。无论是科技还是绿色环保，核心所在就是人，也就是致力于打造更好的生活方式。"这或许不是金融角度的解读，更像从公司的角度出发的表达。一个优秀的产品一定是以人为本、有益于改善人的生活的。

胡玮炜在回答未来摩拜单车的发展时提到，每天都有很多人就摩拜单车未来发展的模式和赚钱的方法给自己提建议。虽然看起来摩拜单车现在发展势头良好，但她始终告诉自己还处于逆境之中。

资金的融入给摩拜单车的发展提供了财力支持，使摩拜单车成了一个很庞大的公司。但是大并不一定精，摩拜单车要走的路还很长，下一步的主要目标是打造精品，使自家的服务和产品更加精准地把握用户。

不仅如此，摩拜单车在打造精品的同时，也着手布局海外市场。目前，摩拜单车已经投放到英国、新加坡、日本等国家的 7 个城市。在海外运营最大的问题就是要符合当地人的生活需求和生活习惯，只有本土化成功了，才能占据当地的市场，这是摩拜单车"出洋"遇到的最大的问题和挑战。

如此看来，共享单车绝不是仅靠某项技术就能赢得未来的项目，而是一个持续性的过程，技术用来满足需求，更要结合城市的文化，打造更加美好的生活。在胡玮炜的未来规划中，摩拜单车的发展就是走这样一条技术和文化相结合的道路。

从当初不被看好到如今数一数二，胡玮炜只是坚持做了一件事，那就是把共享单车做好，做出自己的特色和路子。摩拜单车在国内已经处于领先地位，在国外也开拓了不少市场，在不到一年的时间里做出这样的成绩，一方面证明了摩拜单车经营理念的可取性，另一方面也足以证明共享单车符合新出行大环境的需求。

在出行领域不断变革的今天，也许正是因为胡玮炜这看似疯狂的单车梦，才使摩拜单车在激烈的市场竞争中获得了长足发展的机会。所以把一件事做到极致，就是优秀。

选自：https://www.sohu.com/a/162851698_115978

永不放弃：马云给创业者的 24 堂课
第一课　永不言弃（节选）

成杰

导语：一个大学考了三次的“笨人”，一个普通大学的普通教书匠，一个对电脑一窍不通的外行人，一个曾被称为“骗子”“疯子”“狂人”的特立独行者。就是这样一个人，在经过短短几年的奋斗后，竟然一跃成为国内互联网界的风云人物、风光无限的世界 IT 名人，被誉为“下一个比尔·盖茨”。这听起来有点天方夜谭，却是不容置疑的事实。创造这一神话的，是被誉为“互联网拿破仑”的马云，一个执着于“让天下没有难做的生意”的成功企业家。

创业是一个艰苦的过程，不是一蹴而就、异想天开。留心观察身边的人、身边的事不难发现，创业者首先要具备永不放弃的创业精神，因为它是支持一个人行动的动力。“永不放弃”也是马云的座右铭。

马云 1991 年第一次创业时成立了海博翻译社，第一个月的收入是 700 元，而房租是 2400 元，马云遭到了一番讥讽。

为了维持海博翻译社的正常运转，马云独自一人背着大麻袋到义乌、广州去进货，翻译社开始卖礼品、鲜花，以最原始的小商品买卖来维持运转。马云也曾经销售过一年医药，推销的对象上至大医院，下至赤脚医生。一个堂堂的大学教师去干这样的活儿，面临的不只有心理压力，还有体力压力。

1995 年马云创立中国黄页时异常困难，他自己拿出六七千元，又从妹夫、妹妹那儿借来一些，东拼西凑凑了 2 万元，家具都差不多卖光了，才攒齐了必需的 10 万元本钱。只租一间房当办公室，只用一台电脑，一块钱一块钱地数着花。公司的员工也只有对计算机稍有了解的自动化专业毕业的何一兵、马云以及马云的妻子三个人。

马云注册公司的时候，中国还没有互联网公司，马云的公司是中国第一家商业运作的互联网公司。就这样，一家名为海博网络的“皮包公司”开张了。马云的操作在现在看来颇具草根性，把中国企业的资料集中起来快递到美国，由设计者做好网页向全世界发布，利润则来自向企业收取的费用。

1999 年 3 月，在杭州创办阿里巴巴公司的时候，马云面临的还是困难。没有办公场地，公司就安在了他的家里。他和他的创业伙伴们没日没夜地工作，地上有一个睡袋，谁累了就钻进去睡一会儿。

马云后来说，如果我成功了，成功的原因是什么，我觉得就是永不放弃，没有放弃。

查阅成功人士的创业经历，我们可以发现：敏锐的观察力、果断的行动力和坚强的毅力是成功的必备要素。你可能有敏锐的目光去发现机遇，也能用果断的行动力去抓住机遇，但是还需要有坚强的毅力才能把机遇变成真正的成功。所以说，永不放弃是成功人士不可缺少的品质。

一个人首先要有想法，才能给人生确定前进的目标。目标明确了才有实践的过程，否则就会像无头苍蝇一样。创业的道路不会一马平川、畅通无阻，而是布满荆棘，甚至泥泞难行，所以要持之以恒地坚持下去，就需要永不放弃的精神。只有这样，才会在成功的路上比平常人领先一步，只有这样，才能把苦和泪看作人生路上的插曲，才能一步一步向成功的阶梯迈进。如果缺少这种素质，即使有再完美的创业计划，有再好的创业条件，也只是空想，也会与成功无缘。

马云如此，更多的创业者亦如此。下面讲一个面对失败不放弃，百折不挠，坚持成功的创业故事。

1927 年，美国阿肯色州的密西西比河大堤被水冲垮，一个 9 岁的黑人小男孩的家被冲毁，在洪水即将吞噬他的一刹那，母亲用力把他拉上了堤坡。劫后余生让他对人生有了很深刻的理解，在他幼小的心灵深处，把传播知识与文明当作了人生的奋斗目标。

1933 年夏天，家里凑了一笔血汗钱，男孩踏上火车奔向陌生的芝加哥。在芝加哥，男孩以优异的成绩中学毕业，后来又顺利地读完了大学。在求学的岁月中，他吃了很多苦，无论是在经济上还是在身体上，支撑他一路前行的动力就是他劫后余生时的那个梦想。

1942 年，他开始创办杂志，但最后一道障碍是缺少 500 美元的邮费，不能给订户发函。一家信贷公司愿意借贷，但有个条件，得有一笔财产作为抵押。他母亲曾分期付款好长时间买了一批家具，这是她一生中最心爱的东西，但为了孩子的事业，她最后还是同意将家具抵押了出去。

1943 年，那份杂志获得了巨大的成功。男孩终于能做自己梦想多年的事了，那天是男孩最幸福的时刻，他哭了，这泪水里包含着很多种滋味。

后来在一段反常的日子里，男孩经营的一切都仿佛陷入了谷底，面对巨大的困难和障碍，男孩已无力回天。他忧伤地告诉母亲："妈妈，看来这次我真的要失败了。"母亲却果断地结束了谈话："无论何时，只要你努力尝试，就不会失败。"

就这样，他以顽强的毅力坚持前行，他的足迹遍及美国的每一个角落，坚强的意志支撑着他，果然，他渡过了难关，攀上了事业新的巅峰。这个男孩就是驰名世界的美国《黑人文摘》杂志创始人、约翰森出版公司总裁、拥有三家无线电台的约翰·H. 约翰森。

约翰森的经历向我们昭示：命运全在搏击，奋斗就是希望。第一个就是坚持到底，永不放弃；第二个就是当你想放弃的时候，回过头来看看第一个秘诀。在他的世界里，失败只有一种，那就是放弃努力。其实没能成功创业的人和约翰森相比，可能在某些方面更强，但世界上只有一个《黑人文摘》，就在于很多创业者缺少约翰森那种"坚持到底，永不放弃"的积极态度和"持之以恒"的心态与毅力。

由此可见，成功属于那些不断辛勤劳作，不断付出努力的人。世界上没有任何道路可以一帆风顺地走下去，一帆风顺只是人们的一种美好的愿望，正如马云所说："黎明前的黑暗是最难挨的。"要想享受黎明时的阳光普照，就必须在之前的黑暗中顽强挺住。

有人说，人生有两杯必喝之水，一杯是苦水，一杯是甜水，没有人能回避得了。不过区别是不同的人喝甜水和喝苦水的顺序不同，成功者往往先喝苦水，再喝甜水；而一般人先喝甜水，再喝苦水。在成功的过程中，持之以恒非常重要，面对挫折时，要告诉自己：坚持，再来一次。因为这一次失败已经过去，下一次才是成功的开始。人生的过程都是一样的，跌倒了，爬起来。只是成功者跌倒的次数比爬起来的次数少一次，平庸者跌倒的次数比爬起来的次数多一次而已。最后一次爬起来的人被称为成功者，最后一次爬不起来或者不愿爬起来，丧失坚持的毅力的人叫作失败者。

缺乏恒心是大多数人失败的根源，一切领域中的重大成就无不与坚韧的品质有关。成功更多地依赖人在逆境中的恒心与忍耐力，而不是天赋与才华。布尔沃说："恒心与忍耐力是征服者的灵魂，它是人类反抗命运、个人反抗世界、灵魂反抗物质的最有力支持者。"

创业者要想成功创业，就要像马云、约翰森那样认准目标，坚持到底，永不放弃。即使遇到一千次、一万次困难也不放弃追求，不言失败，不退缩，不向命运屈服。能做到这点，你就可能成为另一个马云、另一个约翰森。

一个人有知识、有见识，最终才会有胆识。

选自：《永不放弃：马云给创业者的24堂课》，中国华侨出版社，成杰（著）

李开复：如何找到创业的最佳切入点（演讲实录）

导语：新浪创业推出的新栏目“新创课”在创新工场正式开讲，创新工场董事长兼首席执行官李开复担任首期主讲嘉宾，针对创业者在创业早期如何找到好的切入点进行了详细的解读。

李开复表示，中国正成为世界上最棒的创业乐园。他认为，中国的人口红利、传统行业较为薄弱的现状以及仅次于美国的投资圈生态系统都将成为当下国内的创业者获得成功的天时地利。

对于如何跨出创业的第一步，李开复认为，最重要的就是找到符合趋势的方向，“抗势是很难成功的，要顺势而为。”

今天有机会跟新浪合作这次活动，特别有意义。

现在国内有一股特别棒的创新创业浪潮。我刚从美国的硅谷回来，那边有非常突破式的想法，而且是全球领先的，但是我在国内看到了很多现象，认为中国正成为世界上最棒的创业者乐园。

原因有很多，比如我们的人口红利，我们的市场，我们有很多人参与共享经济这一革命，我们有很多传统企业目前看来实力不足，我们可以用互联网的力量打造一个新的互联网品牌，这在国外相当难做到。整个VC投资圈，中国的生态系统是除了美国之外全世界最健全的，而且有很多资金涌入，再加上整个二级市场最近存在的机会和本身上市的机会，如果真的想做一个创业者，没有比中国更合适的环境了。

所以你们非常有幸，在正确的时代出生在了正确的国家。下面就要把握好这个机会。

怎么把握好这个机会呢？

我刚才和群英会的一批创业者也在开会讨论，创业的第一步，我觉得特别重要的是一定要找到符合趋势的事情。因为很多事情，抗势是很难成功的。想想哪些领域将要腾飞，哪些旧的品牌或者旧的产业将被革新、取代，未来人们会涌入哪些领域。这些其实我们都可以推想出来，所以不要抗势，要顺势而为。

而且做事情的时候一定要特别记得互联网规律，因为互联网正在革所有人的命，但是其实还远远不够。现在实体店被淘宝、京东、阿里打得落花流水；滴滴、快的、Uber 做得非常好，下一步出租车就要"倒霉"了。但这只是开始，未来所有行业都会被互联网所颠覆。

所以要真正了解互联网的准则。互联网的准则到底是什么呢？我们刚开始上互联网的时候，认为互联网的准则是开放、平等、人人共享，都是些理想主义的词。但是仔细想一想，互联网的商业逻辑跟这个是不一样的，互联网的商业逻辑其实是垄断。今天谁要做搜索引擎可能吗？谁要跟微信对抗可能吗？谁要做淘宝可能吗？答案是不可能。

因为在互联网领域开发一个平台，它所能达到的边际效应和增加用户所花的钱跟传统企业是不一样的。传统的东西获取客户越来越难，想拉新客户可能就要降低成本、打造品牌等。但是对于互联网而言，如果能达到行业领跑者或者"垄断者"的地位的话，这些反而越来越容易。所以做好互联网，核心是"垄断"。

什么叫垄断呢？千万不要误会我在鼓励大家做一个巨大的、困难的东西，那样是绝对不行的。垄断是怎么形成的呢？看当年的腾讯，它的垄断是怎么形成的；看当年的 Facebook，它的垄断是怎么形成的。其实都是找一个非常简单的切入点，但是这个切入点一定是跟垄断有关的。创业的时候千万不要想我要找一个巨大的市场，我要成为行业的第 85 名或者第 36 名，这些都没有意义。你要想在这个巨大的市场中有没有狭窄的小市场，是我可以进入的切入点。

Facebook 做到的就是让大学生彼此实名交流，这是它的切入点。但是这个切入点还不够小，它先把哈佛这一所学校做好，然后进入常春藤，再进入更多学校，最后慢慢地开放注册。Facebook 的案例特别好，因为它了解垄断的力量，但是量力而为，刚开始达到一个非常狭窄的领域的垄断，再去扩张。

比如创新工场投资的一个公司叫要出发，你们不见得知道这个公司，因为它做的是领域特别狭窄的旅游，但是它现在的收入是非常可观的。它没有在创立第一天就跟携程和去哪儿竞争，它只做节假日的驾车行，致力于把这个领域垄断。但是把这个领域垄断也是很困难的，它先做广州，再做杭州，然后做其他城市。

无论是要出发的案例还是 Facebook 的案例都是慢慢来的。当 Facebook 广受美国大学生青睐时，它还不是最大的社交网络，但是在大学生这个群体中，它已经是无敌的了。

今天要出发在中国的旅游行业中能进前十就不错了,但是在节假日驾车旅游领域没有人打得过它。为什么互联网垄断效应这么重要呢?因为你一旦获取一批用户,他们对你的使用是忠诚的,你对他们的留存是在不断努力的,你会不断增加他们的福利,让越来越多的人加入,同时提高了竞争对手进入这个行业的基础门槛。

Peter Thiel(彼得·蒂尔)前几天刚来过我们这儿,谈到怎么找到一个特别狭窄的领域垄断。多狭窄呢?要狭窄到你把今天手里的钱花完的时候就能达到垄断。如果要先融三千万、两千万甚至一千万,这不够狭窄,你的眼光太高了,在狭窄的领域达到垄断以后,再逐渐扩张,这才是互联网创业的正确做法。

待会儿会有更多讲师更深入地谈怎么找到这个领域,怎么让它快速地成长,怎么得到很好的杠杆,怎么去融资,怎么去雇人等方面。创业本身是非常大的事情,我希望传达的是,大家要用互联网思维,但是一定要专注于一件事情,在一个狭窄的领域中毫无疑问地干到第一名,这一点对你未来的商业滚动是巨大的力量。做到这一点,你的下一轮融资会容易得多。

过去我们用传统的商业模式思想或者比较理想化的互联网思想,不见得会这么想事情。我现在希望大家记得专注于在狭窄的领域做到第一,这比任何其他事情都重要,谢谢。

选自:https://tech.sina.cn/i/gn/2015-06-03/detail-icrvvpzq1878069.d.html

胡雪岩经商成功的秘诀是什么?

姜卫华

导语:胡雪岩出身于寒门,靠商业积累了巨额财富,政治地位也有了很大的提高,但后来因为种种原因落得悲惨的下场。对于胡雪岩的成功,我们能学到很多,下面就通过他的事迹挖掘一下他成功的经验。

在中国历史上,商界有两位响当当的人物,一位是陶朱公,另一位就是胡雪岩,所以流传着“古有陶朱公,今有胡雪岩”的说法。

胡雪岩(1823—1885),名光墉,字雪岩,安徽人,中国商界的大腕。今天,我们不谈其失败的教训,只谈其成功的经商之道,以借鉴学习。胡雪岩经商成功的秘诀是什么?

一、乐于助人使胡老板得到回报

胡雪岩出身于寒门,因生活所迫,12岁就到钱庄当童工。但他乐于助人,曾资助过好学生王有龄。王有龄经过不懈努力,终于当上了浙江巡抚。为回报恩人,王有龄大力支持胡雪岩开设钱庄,此后胡老板在北京、浙江、上海、湖北、湖南等地开了几十家钱庄,财源滚滚达三江。

二、抓住商机使胡老板获得效益

1860年,太平天国义军攻入浙江,时局动荡,人心不稳。胡雪岩通过良好的社会关系将清军粮食、器械的代办权搞到了手,并总理漕运,几乎垄断了浙江战时的经济,因此获得了巨额利润。机不可失,时不再来,抓住商机是商人经营成功的关键。

三、公益事业使胡老板尝到甜头

左宗棠走马上任,胡雪岩捐助了大量物资支持公益事业,博得了左宗棠的赏识,当上了“善后工作领导小组”的负责人,管理赈抚局。他设立了粥厂、难民局、善堂、义塾、医药局等，对浙江战后经济恢复和社会稳定起到了积极的作用。在瘟疫流行时，他还向老百姓施药、施粥，被人们称为“胡大善人”。公益事业是潜力股，舍去了银子，却得到了不可估量的无形资产。

四、强强联合使胡老板垄断市场

当时生丝业是个暴利行业，却被洋人垄断着。胡雪岩看到了商机，决定先把上海和江浙的丝业同行联合起来，共同对付洋人。他们在本地大量收购生丝，让洋人无处可买，进而控制市场，垄断价格。从此，丝业的价格控制权又回到了中国人手里。马太效应意味着世界简单化了，你不是个胜利者，就是个失败者，胜利者将享有很多资源，金钱、荣誉以及更多的成功；还意味着赢家只能是少数人，赢家可以借助自身的优势成为竞争规则的制定者。

五、诚信为本使胡老板如日中天

同治十三年（1974 年），胡雪岩开设了胡庆余堂药店。胡庆余堂以“戒欺”为宗旨，以“真”“精”誉满全国。1880 年，胡庆余堂的资金规模达到白银 280 万两。当时，外国银行不信清廷而独信胡雪岩，还肯把巨额款项借给他，被世人认为是奇迹。敏锐，商人的契机；资源，致富的法宝。现在的商家，不讲诚信的比比皆是，却不知诚信是人的第二生命。

胡雪岩从钱庄的小伙计一跃成为名噪一时的红顶商人，说明出身如何无所谓，只要肯努力，就有成功的机会。

胡雪岩的人生跌宕起伏，从一个富可敌国的大财主成为一个一贫如洗的穷光蛋。这告诉我们：创业不容易，守业更艰难。不好好把握现有的东西，飘飘然，就会败得一塌糊涂。

红顶商人胡雪岩的成功为我们经商提供了宝贵的经验；他的失败为我们敲响了引以为戒的警钟。

选自：http://jwhblog.blog.sohu.com/281898780.html

思考与拓展

一、近几年，最大的热点莫过于共享经济，共享单车、共享健身房、共享充电宝、共享汽车、共享雨伞等共享模式的产品如雨后春笋般破土而出。共享经济正从一个新鲜事物变成我们生活的一部分。请你查阅相关资料，谈谈对共享经济的认识和看法。

二、李开复的演讲使你有什么收获?

三、通过本章的学习，归纳创业者应具备哪些基本的性格特征。

四、开展一次市场调研活动，完成实地调查报告。

实施形式：

（1）6~8 人为一个小组，选取本地的小商品批发市场、日用品零售市场、房地产市场、金融市场、超市等进行实地考察；

（2）分组交流，展开讨论。

成果与检验：

（1）每组写一份简要的市场实地考察报告；

（2）对各组的市场实地考察报告的内容与在交流讨论中的表现进行评估打分。

五、构想一个创业计划，完成一篇可行性分析报告。（内容包括前期市场调研，行业分析，消费人群，成员的知识水平、职业经历、性格特征，资金保障，财务分析，预期盈利，投资回报率等）

【匠心筑梦 成就人生】

1.《史蒂夫·乔布斯传》

作者沃尔特·艾萨克森，中信出版社

推荐理由：《史蒂夫·乔布斯传》是史蒂夫·乔布斯唯一授权的官方传记。乔布斯不一定是有史以来最好的创业者，但一定是其中之一。乔布斯有如过山车般精彩的人生和炽热、激越的性格成就了一个传奇，一个极具创造力的企业领袖。他追求完美和誓不罢休的激情使个人电脑、动画电影、音乐、手机、平板电脑以及数字出版等六大产业发生了颠覆性变革，他用产品改变了世界，他的思想将影响一代又一代企业家、创业者。

2.《海底捞你学不会》

作者黄铁鹰，中信出版社

推荐理由：2009 年由黄铁鹰主笔的《海底捞的管理智慧》成为《哈佛商业评论》中文版进入中国八年来影响最大的案例，一夜之间，几乎中国所有的商学院都开始讲授海底捞的案例。这本书将告诉你，为什么海底捞得以成为中国餐饮业的新生力量？为什么一句"把员工当人对待"成为海底捞的成功要诀？在海底捞已经成为服务的代名词，众多企业争相学习海底捞的今天，这本书对创业者有着特殊的意义。

3.《永不放弃：马云给创业者的 24 堂课》

作者成杰，中国华侨出版社

推荐理由：这是一本读来让人振奋、自信的书。马云虽不是专业技术人才，却在专业领域叱咤风云、出奇制胜。马云是一个典型的草根英雄，他在大学以前完全"输在了起跑线上"，各方面都不突出，甚至可以说是老师、家人以及邻居眼里的差学生，未来根本没有希望。就是这样一位"前半生"不名一文、几近被众人放弃的"差学生"，凭借敏锐的观感、出众的语言天赋、屡败屡战的恒心，迎来了草根的峥嵘岁月。幸运地读了大学后，草根就涅槃了，成了天之骄子。这四个字不光适用于马云的大学时代，他不仅成了杭州师范学院的骄子，也成了不懂 IT 的 IT 界骄子，更成了中国赫赫有名、名噪国际的骄子。

4.《大败局》

作者吴晓波,浙江人民出版社

推荐理由:这本书探寻了著名企业中国式失败的基因。标王失败的原因是什么?拥有数十亿资产的企业为何这般脆弱?“青年近卫军”为何如此短命?狂热的激情是怎样成为祸根的?中国“第一品牌”是怎样砸掉的?中国网络经济的原罪是什么?暴利到底给企业留下了什么?“多元化”的陷阱有多深?企业家该离政治多近?这本书是影响中国商业界的十二本图书之一,是关于中国企业失败的 MBA 式教案。

5.《精益创业》

作者埃里克·莱斯(美),译者吴彤,中信出版社

推荐理由:精益创业的理念受到越来越多中国创业者的青睐,创新工场董事长兼首席执行官李开复多次在微博和论坛中推荐精益创业的理念,并在推荐序中写道:“我看到‘精益创业’的方式在每一天的实践中被验证、被传承、被传播。过去,它缔造了 Facebook、Twitter 等强大的、崭新的科技公司;未来,它将不断影响、渗透、改变创业者,使他们缔造的企业更加人性化、更加智能化、更加有爱、更加成功……属于这一代创业者的传奇刚刚开始,苹果、谷歌、Facebook 的颠覆者一定会在精益创业模式下诞生。今天,《精益创业》这本书把近 10 年来闪光的智慧珍珠初步连接成了一串项链,而更多体系化的总结与演绎,有待更多关注者和记录者加入。”

第七章　匠心引导，做中国智造

家不可无主，国不可无君；火车跑得快，全靠车头带；企业要搞好，企业家少不了。工业的腾飞离不了科学技术的更新，企业的发展离不了企业家的引领。企业家不一定要做冲锋陷阵的一线士兵，只需要把握企业的方向，引领企业前行；一线员工不能仅仅满足于做冲锋的士兵。不想当将军的士兵不是好士兵，企业的员工也应具有高瞻远瞩、居安思危的意识。树有骨、人有魂，企业产品的开发、科研技术的更新换代仅是企业之皮，企业家精神的引领才是企业之魂。

所谓企业家精神，指的是企业家特殊的技能与精神气质的完美结合（法国经济学家理查德·坎蒂隆 1800 年首次提出这一概念）。换句话说，企业家精神是企业家组织建立和经营管理企业的综合才能的表现方式，它是一种重要而特殊的无形生产要素。

沃尔特·迪士尼创造了《木偶奇遇记》《白雪公主》和迪士尼乐园，更重要的是拥有使亿万民众快乐的超凡能力；山姆·沃尔顿的贡献不只是沃尔玛公司，还有“持之以恒的天天平价”的营销理念；李书福的吉利集团带给我们的启发绝不是“四个轮子上安两排沙发”那么简单，也不是吉利收购沃尔沃这样蚂蚁吞大象的现实版神话，而是让我们看到了一个民族工业崛起的传奇。

世界著名的管理咨询公司埃森哲曾在 26 个国家和地区与数十万名企业家进行过交流，其中 79% 的企业领导认为，企业家精神对企业的成功非常重要。

一、企业家精神的基石是诚信

正如诚信是做人的立身之本一样，诚实守信、无欺于人、回馈社会、勇担责任是企业家的立身之基。市场经济是法制经济，更是信用经济、诚信经济。商业社会里没有了诚信的准则，将充满极大的经济风险和道德风险。三星手机电池爆炸事件，大众汽车尾气检测弄虚作假风波，被老百姓戏言“百年福特，毁于长安”的长安汽车断轴、漏油等现象，无一不警示着企业家们须狠抓内功，诚信经营。企业家只有一个责任，就是在遵守社会游戏规则的情况下，运用生产资源从事获取正当利润的活动,也就是必须公开、公正、自由地竞争,不能欺骗和妄为(诺贝尔经济学奖得主弗里德曼)。

二、企业家精神的动力是敬业

爱岗敬业不仅是对普通员工最起码的要求,而且是成功的企业家必备的基本素质。干一行爱一行,爱一行钻一行,钻一行才能成功一行。企业家更要爱岗敬业,更需要不停地拼搏,打拼。有的人为了事业而生存,有的人为了生存而经营事业。不管属于哪种情况,对自己的岗位和事业的忠诚和责任才是企业家获得"顶峰体验"的不竭动力。没有对英语的热爱,马云接触不了世界;没有对教育事业的投入,马云获得不了"杭州十大优秀青年教师"的荣誉;没有对电商事业的痴迷和钻研,马云不可能转型成为当今世界经济界的巨擘。欲成事者先爱岗,欲成功者必敬业。

三、企业家精神的本色是执着

咬定青山不放松,立根原在破岩中。千磨万击还坚劲,任尔东西南北风。这不仅是顽强、苍劲的青竹的写照,而且应该成为当今成功的企业家不可或缺的精神风骨。在高科技、信息化的经济时代,只有坚持不懈地持续奋进、执着前行,才能引领时代经济的潮流而不被经济的大潮吞噬。在金融风暴、经济危机时,资本家可以用脚投票,哪管百姓生死?理财者可以变卖股票,何顾企业存亡?普通劳动者可以退出企业另谋生路,唯有企业家不能退出自己的企业。"生存还是毁灭?"不应只是哈姆雷特的嗟叹,而应成为企业家随时的自我警醒。"锲而舍之,朽木不折;锲而不舍,金石可镂。"企业家就应该有夸父追日般的顽强和执着,引领企业登上辉煌的巅峰。

当初放言"四个轮子上安两排沙发"就造车的吉利人不是被嘲笑为"土老帽"吗?然而事实如何?二十多年后,吉利人不正靠着坚强不屈、百折不挠、执着奋进的精神创造中国汽车工业的新神话吗?创办自己的大学,兼并沃尔沃,走出国门,营销海外,现在谁还敢瞧不起这只缔造了中国车企传说的"黑天鹅"?

自强不息,励精图治,先从执着奋进做起。

四、企业家精神的灵魂是创新

树活一张皮，人活一口气，企业存活的灵魂就在于创新，就在于企业家带头大胆地革新，无所畏惧地创新。在高科技、信息化、智能化的经济时代，行业竞争的形势日趋激烈，没有创新企业就没有飞跃，甚至没有出路。

对企业家来说，创新不是将做过的事做得更好，而是尝试将不同的事都竭尽全力地做好。创新是企业家活动和企业规模扩大的典型特征。从产品创新到技术创新、市场创新、组织形式创新等，林林总总，包罗万象，企业家可资创新的潜力巨大，可供创新的前景广阔。创新既需要企业家“天才的闪烁”，又需要企业家凝聚员工艰苦地摸索。力帆集团由当初只能造被老百姓戏称为“母猪摩托”的摩托车厂家跃升为今天海外经营，全球布局，战略目标瞄向全域新能源产业的大型上市公司，靠的是什么？靠的不正是企业家尹明善和广大员工积极进取、开拓创新的闯劲儿吗。民族工业的崛起、中国科技的腾飞和经济的繁荣，不正是靠千千万万个“尹明善”辛勤奉献实现的吗。

逆水行舟，不进则退；唯有创新，立于不败。企兴家旺，国盛民安，共筑繁荣路，同盼中国梦，企业家有责任，国民亦义不容辞。

【非一般的工匠 非一般的人生】
发扬企业家精神

子墨

导语：无论是柳传志、孙丕恕，还是张瑞敏、任正非，他们虽然没有生于同一个时代，但对中国经济做出的贡献都是载入史册的，他们所展现出的企业家精神在中国近代企业发展历史中一直闪耀着光芒。

2017年9月25日晚，《中共中央国务院关于营造企业家健康成长环境弘扬优秀企业家精神更好发挥企业家作用的意见》（以下简称《意见》）正式公布，在企业家圈子中掀起了不小的波澜，一时间企业家们都对《意见》的核心“企业家精神”发表观点。这是中国60多年来首次将企业家精神和企业家权益写入国家政策，是有着划时代意义的里程碑事件。

从《意见》中可以看到，企业家的财产权、创新权益、自主经营权等合法权益将受到有力保护，市场环境将朝着公平竞争、诚信经营的方向良性发展，“亲”“清”的新型政商关系将使企业家与政府相关部门的沟通与交流更加顺畅、便捷。

对企业家们来说，《意见》是令人欣喜的。随着中国国力不断增强，全球经济一体化加速，中国的民族企业正在悄然崛起。中国要成为经济强国离不开民族企业振兴的支持，更离不开这些企业的领袖和掌舵者——企业家。

《意见》中强调，弘扬优秀企业家精神，是推进供给侧结构性改革的重要支撑，方向明则改革兴。

中华人民共和国成立至今，出现了一批对国家经济建设、社会发展、人民就业等产生深远影响的民族企业。这些企业由于规模大，业务范围广，员工数以万计、几十万计，从而对中国乃至世界经济都产生了重要的影响，如联想、浪潮、海尔、华为等诞生较早的集团性企业。同时，中国也成长起来一大批领导企业发展壮大的企业家。

关于优秀企业家精神，《意见》中有如下阐释：爱国敬业、遵纪守法、艰苦奋斗、创新发展、专注品质、追求卓越、诚信守约、履行责任、勇于担当、服务社会。那么优秀企业家精神如何体现？对此，浪潮集团董事长孙丕恕说道："《意见》让企业家深切感受到了国家关心企业家发展、弘扬企业家精神的改革魄力和务实作风。要充分弘扬企业家精神，发扬敢为人先的创新精神、精益求精的工匠精神、诚信履责的担当精神，担负起中国企业发展和走向国际化的历史使命。"

目前孙丕恕带领的浪潮集团已成为中国第一、全球前四的服务器厂商，并已在美国、日本等发达国家布局数据计算中心。

01

远在美国的联想控股董事局主席柳传志表示《意见》"令人为之一振"。《意见》指出要依法保护企业家的财产权、创新权、自主经营权等合法权益，创造良好的法制环境。柳传志认为："中央的文件振奋人心，明确地告诉世人真正主流的企业家到底是怎样的，有效地消除了大家的顾虑和担忧。"柳传志还提到，中央以专门的文件肯定企业家精神，更有鞭策经营者进一步创新进取之意。

国家发展和改革委员会有关负责人在回答记者提问时提到，企业家精神内涵丰富，不同国情、不同时代对企业家精神有着不同的要求。新的时期势必赋予企业家精神新的内涵，对此，海尔集团董事局主席张瑞敏的理解是：在新时代要重构企业的战略成长，首先要求企业家赋予企业家精神新的内涵。新的企业家精神有三个核心要素：运筹能力、历史使命感和更大的格局。

《意见》中所阐述的企业家精神在几位中国企业界名列前茅的企业家身上都有鲜明的体现。企业家所肩负的不仅仅是企业的兴亡之责，还有推动社会进步，促进中国经济发展的使命。华为任正非曾在内部讲话中说道："时代在呼唤我们，祖国的责任、人类的命运要靠我们去承担，我们处在这个伟大的时代，为什么不用自己的青春去创造奇迹？"

无论是柳传志、孙丕恕，还是张瑞敏、任正非，他们虽然没有生于同一个时代，但对中国经济做出的贡献都是载入史册的，他们所展现出的企业家精神在中国近代企业发展历史中一直闪耀着光芒。

02

回顾历史，中国企业的发展经历了从计划经济到改革开放，再到市场经济的不断演进的过程，这也是企业家精神从萌芽到进化的过程。

从中国诞生第一家企业到中国企业纷纷走向世界，期间崛起了大量优质的民族企业，这些企业从一开始的小树苗长成今天的参天大树，在不断扩大企业经营规模的同时，为社会提供了大量就业岗位，为国家和民族做出了巨大的经济和社会贡献。比如浪潮、联想、海尔、华为等集团公司，它们在中国经济发展的几大关键时期都起到了举足轻重的作用。

这些“大树”的成长就是依靠经过时代磨砺的企业家精神引领。任正非1987年创办华为，柳传志1989年升任北京联想总裁，张瑞敏1991年出任海尔集团总裁，孙丕恕1995年任浪潮集团系统公司总经理。其中任正非、柳传志、张瑞敏都是出生于20世纪40年代的老兵，孙丕恕出生时间晚于上述三位老兵，却也年轻有为，在30出头的年纪就坐上了总经理的位置。

在20世纪80年代，企业管理者的称谓还不是企业家，而是厂长、经理，厂长、经理就是当时国有企业的法人代表。

彼时中国刚刚开始改革开放，国有企业占据主导地位。这一时期的企业家精神更多地体现为一种责任感，厂长、经理通常肩负着对国家、职工的责任。

当时的企业家身体力行地实践着企业发展的使命，许多让人记忆深刻的事件都体现了这一时期的企业家精神。

1983年，孙丕恕带头研发出中国第一代0520系列微机；1985年，张瑞敏果断决策，砸毁76台有缺陷的冰箱；1988年，柳传志带着几个人到香港开拓海外贸易。

这些企业家都冲在研发第一线、市场第一线，成为所在企业产品和市场的忠实实践者和开拓者。

1992年，邓小平南方谈话，引发了知识分子向商业大迁徙，大批在政府机构、科研院所、高等学校工作的官员、知识分子纷纷下海创业，成为20世纪90年代中国经济高速增长的主要动力。

此时的企业家精神有了新的内涵，其中创新意识被提到了更重要的位置。

1993年，孙丕恕开发出中国第一台拥有自主知识产权的IA架构（10CPU）SMP2000小型机服务器，被媒体称为“中国服务器之父”；1993年年末，任正非的C&C08交换机研发成功，为华为占领了市场；1995年，张瑞敏带领海尔以“吃休克鱼”的方式兼并了红星电器。

企业家精神贯穿着中国经济发展的始终，尤其在关键历史时期，这种精神引领着企业走在改革和创新的前沿。正如孙丕恕所说：“人光想活着是活不下去的。企业得靠主动变化才能活着。”

如果没有中国第一台小型机服务器的诞生，很难有后来将服务器推向全球的浪潮集团;没有交换机的研发成功,华为的市场占领时间可能晚于 1993 年;没有兼并,海尔不会壮大得如此之快。

经过改革开放初期的发展,中国企业开始走向下一步:国企改制。这是另一段艰难的历程。

2004 年,一场“郎顾之争”将争议引向企业家这个群体。2004 年 8 月 9 日,香港中文大学教授郎咸平发文称,格林柯尔董事长顾雏军在并购科龙、美菱等企业时采用“安营扎寨”“乘虚而入”等 7 种手段,只花了区区 9 亿元就鲸吞了总值达 136 亿元的企业,造成了国有资产流失。后顾雏军起诉郎咸平诽谤。

这件事后来演变成了企业界、学术界以及广大网友共同关注的争议事件。最终“郎顾之争”于 2008 年以顾雏军因虚报注册资本、违规不披露重要信息、挪用资金等罪名被判入狱宣布告一段落。

这一时期企业家精神被蒙上了一层尴尬的灰色,然而顾雏军作为收购国企的试水者,其结局给国企改革探索之路留下了积极的意义。

2001 年 5 月—2006 年 11 月,在孙丕恕的大力推动下,浪潮改制为浪潮集团有限公司,进一步完善了现代企业制度,为浪潮的持续发展奠定了坚实的基础;2004 年,联想收购了 IBM 的 PC 业务;2008 年,张瑞敏下令砸掉仓库,避免了海尔在金融危机中受到较大的影响。

中国企业的发展历程是曲折、多磨难的,一些企业家在这个过程中遭受了沉重的打击,但优秀企业家精神仍在。

03

近几年,我国国家领导人在公开讲话中多次提及企业家精神。

2014 年,在 APEC 工商领导人峰会上,国家领导人指出,全面深化改革就是要激发市场蕴藏的活力,市场活力来自人,特别来自企业家,来自企业家精神。

2014 年 10 月,浪潮与俄罗斯企业签约,正式将浪潮云计算能力输至俄罗斯。孙丕恕也跟随李克强总理先后到达俄罗斯、德国以及拉丁美洲的国家、地区,与当地政府、企业成功开展了一系列经贸洽谈合作项目。孙丕恕不断将中国的技术和理念送到海外。

2015 年 10 月 26 日至 29 日,党的十八届五中全会提出:要激发企业家精神,依法保护企业家的财产权和创新收益。

在 2015 年全国两会上,孙丕恕提出政府数据共享和公开的建议,获总理认可。两个月后,国务院发文要求政府数据全面公开。这一年,浪潮云服务的营收在集团的总营收中占比不到 10%,浪潮为培养这一新兴业务,连续三年不考核其利润,纯投入促进发展。

这一年也是“一带一路”倡议的提出年,孙丕恕认为,浪潮在为“一带一路”沿线国家提供信息化产品与技术的同时,也在进行“理念输出”,为“一带一路”沿线国家培养信息化人才,并将成熟的“中国方案”推广到“一带一路”沿线国家。

这一年,华为年终奖公布,毕业生待在华为 3 年的,能有 15~20 万的分红。

这一年,张瑞敏积极促进海尔转型,“人单合一”与互联网深度结合。

2015 年,企业家精神已经提及保护企业家的财产权和创新收益,无论是孙丕恕建议政府数据公开、支持“一带一路”倡议,还是张瑞敏促进海尔转型,都是企业家创新精神的彰显,也是国家、社会责任感的充分体现。近期出台的《意见》也对这两点进行了明确的阐述。

在 2016 年中央经济工作会议上,国家领导人强调,要着力营造法治、透明、公平的体制政策环境和社会舆论环境,保护企业家精神,支持企业家专心创新创业。

可以看到,《意见》中提到的“三个营造”在 2016 年中央经济工作会议中已经有所体现。

同年,浪潮在西雅图设立了云计算、大数据研发基地。孙丕恕每次带着浪潮的高层去美国,不光和微软、思科、甲骨文交流,更多的是到美国一些中小公司,因为它们创新能力非常强,对技术高度敏感。在这一年任正非提出华为步入了“无人区”,因为华为投入巨额经费进行的技术研发步入了无人领航、无既定规则、无人跟随的困境。张瑞敏则不主张“无人区”的提法,而是促进内部创业以及物联网的建设。

孙丕恕、任正非、张瑞敏这几位企业家的想法看似不同,却又有相似之处,即都在寻求未来 10 年、20 年企业的发展方向。前瞻性、战略性是企业家总是走在大众前面的精神体现,使得企业家总是先于其他人觉察出企业未来发展的契机,从而确定企业的发展方向,提前布局。

2017 年的《政府工作报告》提出,要激发和保护企业家精神,使企业家安心经营、放心投资。再加上《意见》的提出,相关政策、措施无疑为营造健康的企业家成长环境、弘扬优秀企业家精神、更好地发挥企业家的作用起到了举足轻重的作用。

不可否认的是,企业家在中国的社会认知度和认可度都得到了极大的提升,优秀企业家精神将永不停歇地传承下去。

选自:https://blog.csdn.net/weixin_34138139/article/details/87790794

英国汽车界的“旗帜性”人物
——企业家约翰·伊根

1940年,约翰·伊根出生在英国的考文垂。他从小就很倔强,认定的事就不会回头。

他在巴贝勒克中学读书时,成绩一直很出色,但因为个性的问题,从未担任过任何职务,自己也从来不认为自己有管理才能。他最喜欢的是运动,尤其是橄榄球。

中学毕业后,一次偶然的机会,伊根听朋友说英国皇家地质学院的橄榄球活动搞得非常不错,于是去了那里念石油工程专业。

毕业后,伊根去了巴林石油公司工作。在这段时间,他发现了自己的领导才能。他负责3个由阿拉伯人组成的队伍,一共50个人,只有2个人会点儿英语,没有自己在场,大家都不会干活了。在这里工作了5年,伊根积累了相当丰富的管理经验。但他决定离开这个令人郁闷的地方,去伦敦商学院读硕士。

1968年,伊根拿到硕士学位后,在大不列颠通用汽车公司财务主管手下任职。他选择的这个工作既包括估计成本、制定价格等职责,又需要考虑赢利计划,这有助于培养他对企业的宏观控制能力,还能运用他在工程技术方面的技能。

在这里他深深地意识到,生产的绝对目的就是赚消费者的钱,同时使他们满意。赢利是最重要的,如果不能从金钱的角度谈论商业,那就是在浪费时间。

伊根的成功引起了一个人的关注,他就是英国利兰汽车公司分部财务主任约翰·巴伯。出于民族的考虑,伊根放弃了美国通用汽车公司,去了这个新地方。但出乎伊根的意料,不同于通用,这里简直一团糟,生产效率低下,部门混乱,工人纪律性很差。

伊根开始大展拳脚,将他以前在巴林和通用的经验全部施展出来。开始他负责美洲虎、罗费、胜利配件的生产,然后任整个配件部门的销售主任。随着他升迁,公司的状况在他的快刀斩乱麻下有了一定的好转。伊根所在的部门利润是公司最高的,他几乎成了公司的救星。

但就在此时,国家政策打乱了伊根的节奏。1966年,英国政府对汽车行业进行“援救”,为了创建一个大型统一的汽车生产集团,着手实施“赖德计划”。这个计划导致了一场灾难。美洲虎汽车公司就是在这时与利兰汽车公司合并的,成了利兰汽车公司的一个子公司。合并以后,公司的利润非但没有增加,反而直线下降,上层争权夺利,管理混乱,产品质量明显下降,伊根负责的部门所创造的利润也连带着被消耗掉了。利兰汽车公司成了英国公司的一个坏典型。

后来,伊根回忆说:“在英国,采用大规模劳动集约型方式进行生产不可能有高质量,这个国家的工业已经濒临危险的边缘。”

伊根无法在这里待下去了,他离开了利兰公司,找了一家美国公司工作,在这里他很受重视,生活得非常惬意,可以去世界各地学习经验、游览旅行。如果就这样下去,伊根可以活得很舒服,但还有更大的任务等着他去完成。

在伊根生活得不错的时候,美洲虎却濒临倒闭。作为一个老牌子,美洲虎成立于 1934 年,一直走豪华、高档的路线,一直是豪门巨贾的首选之物,在全球限量生产。20 世纪 50 年代,美洲虎享有很好的声誉,曾 5 次获得勒芒 24 小时车赛的冠军,在全世界汽车市场上颇有竞争力。但是到了 20 世纪 70 年代初,它的光辉不再。美洲虎汽车公司由于频繁的人事变动和对质量的放松,销售量开始滑坡,一年不如一年。1979 年,美洲虎汽车的年销售量仅为 1.5 万辆,还不到 10 年前的一半。当时流传着一个笑话:你如果有一辆美洲虎牌的车,就必须再准备一辆这样的车,这样才能凑够零件使其中一辆跑起来。可见美洲虎汽车的形象已经差到何等地步。

为了扭转这种局面,公司连续换了 6 任总经理,但结果还是越来越糟,尤其是合并之后。在这个时候,利兰公司的新任董事长迈克尔·爱德华兹想起了曾经给利兰带来短暂辉煌的约翰·伊根。

面对爱德华兹的邀请,伊根陷入了思考,自己面临的责任是重大的,尤其已经有 6 个人的前车之鉴,自己还要去趟这个浑水,是不是太傻,太自不量力了。但是爱德华兹的话深深地打动了他,这个具有魄力的董事长表明,企业经营就在于管理,这是企业兴亡的关键。

一件偶然的事情让伊根下定了决心回到美洲虎。那是在考文垂的小路上,他看到许多小孩子嬉戏,孩子们的笑容让伊根意识到,如果美洲虎倒闭,被牵连的工人将失业,家庭没有了保障,孩子们就会度过贫穷的童年,靠救济度日。

伊根接受了邀请,回到了美洲虎,迎接他的不是欢呼,不是笑脸,而是沉重的低气压,工人们疲惫的面孔,无可奈何的消极怠工。

但伊根从来就不是能轻易被打倒的人。他首先从提高生产率着手，改进汽车的性能，保证最好的质量。事实让人无比惊讶，他核查美洲虎汽车公司下属的厂家的产品时，发现汽车零部件至少有 150 项缺陷，700 种产品 60% 的质量问题出在供应零部件的厂家身上，这么重大的问题以前竟没有人处理。

伊根立刻成立了质量检查小组，由他亲自负责，处理所有的质量问题并时刻进行监督。他对零部件供应商提出了极为严格的要求，零部件再也不能马虎过关，必须保证质量。一年之后，主要零部件的退货率果然大大下降了。

同时，他还在精神上进行了一场改革。作为公司的领导人，伊根深知士气的重要性，他激发公司的雇员重新找回前十年丢失的追求优质水平的信心。他开始定期做公司简报，每季度做一次电视讲话，用激昂的语气鼓励大家，还现场回答员工的问题。他采取了一系列整治办法，以唤起公司和工业界的注意，他的态度是：美洲虎公司并不会因承认质量很差而失去什么，关键是公司的每一个人都要努力去扭转这种局面。

经过两年的艰苦奋斗，到 1983 年 6 月，公司销售量有了大幅度回升，因为有了可以保证的质量，社会上对美洲虎汽车的需求大增，公司逐渐恢复元气，重新雇用了数万名职工。

伊根骄傲地说，美洲虎已经击退了本国的梅赛德斯和德国的拜尔等厂家的挑战。

有了初步的进步，伊根并没有被胜利冲昏头脑，他清醒地意识到，时代在不停变化，无论是普通员工还是经理，都应该加强学习，提高技术水平。他专门创办了开放学习中心，让雇员们用业余时间参加各种技术学习。

美洲虎重振雄风，在股票市场上成了一个独立的公司。它的股票发行时价格很低，但因为良好的声誉、稳定的质量，不到两年就翻了两倍，成了华尔街最看好的英国股票之一。美洲虎汽车公司的大部分雇员手中都持有公司的股票，他们跟着一起富了起来，利兰公司也从中获取了巨额利润。

在伊根接管美洲虎公司时，美洲虎汽车的销售网已基本瘫痪，许多原来经销美洲虎汽车的经营商都已破产。伊根便让所有的高级经理都走出去，重新建立起阵容强大的销售网。他要求挑选出来的经营商完全经营美洲虎牌汽车，从而建立起一个遍布全国、成熟的专营网络。这种变革不仅震动了那些经理，而且震动了所有英国人。因为此前人们对经营商并不很在意，甚至可以说“瞧不起”，但伊根改变了这个传统，这正是他在美国公司学到的，公司的利润才是最重要的,其余的免谈。

同时,伊根还在公司管理部门开展与投资制度有关的教育,以使人们不再把美洲虎的未来单单寄希望于他一个人,每个人都应该对公司负责,并学会处理问题。随着美洲虎在欧美市场上销量直线上升,伊根又把目光转向新产品的开发上,他拨资2亿英镑研制XJ40型美洲虎车。他认为,在20世纪剩下的时间里,公司的命运将取决于这种新车型。伊根已然成为美洲虎的灵魂人物,成为英国汽车的一面重要旗帜。

选自:《名人传记(财富人物)》2014年第6期,有删改

六项精进

稻盛和夫

导语：六项精进总结了生活和工作中非常重要的实践内容。如果每天都能持续不断地对六项精进加以实践，就一定能够开创自己美好的人生。

一、付出不亚于任何人的努力

要想度过更加充实的人生，就必须付出比别人更多的努力，全身心地投入工作。

自然界的动植物都在为生存拼尽全力，我们人类也应如此。认真并竭尽全力地工作，这是我们做人应履行的基本义务。

首先要热爱工作，只有热爱了，才能做到埋头工作，才能产生做出更好的产品的想法，自然而然地开始创造、钻研。

痴迷于工作，热衷于工作，并付出超出常人的努力，自然会给我们带来丰硕的成果。

二、要谦虚，不要骄傲

中国有句古语叫“惟谦受福”，意思是只有谦虚才能获得幸福。

现在人们有一种错觉，只有那些不择手段地挤垮他人的所谓强硬派才能取得成功，但事实绝非如此。成功的人是那些具有激情和斗志并能做到谦虚内敛的人。在生活中具有谦虚的态度是十分重要的。

但是即使是这样的人，在取得成功、获得较高的地位之后，也常常会失去谦虚的态度，变得傲慢起来。有些人年轻时谦虚努力，但随着时间的流逝，不知不觉地变得骄傲起来，甚至误入歧途。

在人的一生中要将“要谦虚，不要骄傲”深深地刻在自己的内心，这是非常重要的。

三、要每天反省

我们要养成在每一天结束的时候对这一天进行回顾和反省的习惯。例如：今天有没有让别人感到不愉快？待人是否亲切？是否傲慢？是否有卑怯的行为？是否有利己的言行？回顾自己一天的言行，确认是否符合正确的做人原则。如果自己的言语或行动当中有值得反省之处，就必须加以改正。

每天进行反省可以促进我们人格的完善、人性的提升，因为每天的反省可以抑制自己的邪恶之心，让良心更多地占据我们的心灵。每天进行反省才能不断取得进步。

四、活着，就要感谢

人无法独自生存。每个人不仅需要空气、水、食物等大自然的恩惠，而且离不开亲人、同事和社会的支持。我们能够生存下去，正是因为这些因素的支撑。

只要这样想，就自然会萌生出感谢之心。虽然当我们遭遇不幸或疾病的时候，别人说“要懂得感谢”我们很难做到，但我们还是要对“活着”表示感谢，这是非常重要的。

因为产生了感谢之心，就可以自然地感受到幸福。感谢生命，感受幸福，可以使人生更加丰富、更加顺利。

不要徒劳地抱怨、不满，而要坦诚地对目前拥有的东西表示感谢，并将感谢之心用话语或者笑容向周围的人们传递。这样做可以使自己和周围的人更加平和、更加幸福。

五、积善行，思利他

中国有句古语叫“积善之家有余庆”，就是说多做善事的家庭会有好报。

世间存在着因果报应的法则，如果思善行善，命运就会朝着好的方向转变，当然事业也会朝着好的方向发展。善，就是待人亲切、正直、诚实、谦虚等，这是做人最基本的价值观。就像古语“好人有好报”说的那样，积善行可以使我们的人生更美好。

六、不要有感性的烦恼

每个人都会失败、犯错，但是我们都是在不断失败的过程中成长起来的，所以即使失败也没有必要沉浸于悔恨之中。

有句话叫“覆水难收”，意思是泼出去的水是无法收回的。所以，无休止地对已经发生的事情悔恨、烦恼是毫无意义的，而且这样下去会引发心理疾病，甚至给自己的人生带来不幸。

虽然需要反省自己的错误，但反省之后就不能再为此烦恼，必须义无反顾地走向新的起点，开始新的生活，这是十分重要的。

对已经产生的问题，不能无休止地烦恼、惶恐不安，而是要用理性加以思考，并付诸新的行动，这样才能够开创人生的新局面。

选自：http://www.kyocera.com.cn/inamori/management/devoted/

【传工匠之魂 铸匠人之心】
断魂枪

老舍

导语:2017年,格斗狂人徐晓东先后挑战太极拳师雷雷、太极宗师马保国。首战徐晓东20秒即击倒所谓的太极大师雷雷,次战马宗师高挂免战牌。台前看到的是江湖上的云谲波诡、体育界的异彩纷呈,幕后呈现的不是一个人的武林,也许是一个企业甚至家国的兴衰。

沙子龙的镖局已改成客栈。

东方的大梦没法子不醒了。炮声压下去马来与印度野林中的虎啸。半醒的人们,揉着眼,祷告着祖先与神灵;不大会儿,失去了国土、自由与主权。门外立着不同面色的人,枪口还热着。他们的长矛毒弩,花蛇斑彩的厚盾,都有什么用呢?连祖先与祖先所信的神明全不灵了啊!龙旗的中国也不再神秘,有了火车呀,穿坟过墓破坏着风水。枣红色多穗的镖旗,绿鲨皮鞘的钢刀,响着串铃的口马,江湖上的智慧与黑话,义气与声名,连沙子龙,他的武艺、事业,都梦似的变成昨夜的。今天是火车、快枪,通商与恐怖。听说,有人还要杀下皇帝的头呢!

这是走镖已没有饭吃,而国术还没被革命党与教育家提倡起来的时候。

谁不晓得沙子龙是短瘦、利落、硬棒,两眼明得像霜夜的大星?可是,现在他身上放了肉。镖局改了客栈,他自己在后小院占着三间北房,大枪立在墙角,院子里有几只楼鸽。只是在夜间,他把小院的门关好,熟习熟习他的"五虎断魂枪"。这条枪与这套枪,二十年的工夫,在西北一带,给他创出来:"神枪沙子龙"五个字,没遇见过敌手。现在,这条枪与这套枪不会再替他增光显胜了;只是摸摸这凉、滑、硬而发颤的杆子,使他心中少难过一些而已。只有在夜间独自拿起枪来,才能相信自己还是"神枪沙"。在白天,他不大谈武艺与往事;他的世界已被狂风吹了走。

在他手下创练起来的少年们还时常来找他。他们大多数是没落子弟的,都有点武艺,可是没地方去用。有的在庙会上去卖艺:踢两趟腿,练套家伙,翻几个跟头，附带着卖点大力丸，混个三吊两吊的。有的实在闲不起了，去弄筐果子，或挑些毛豆角，赶早儿在街上论斤吆喝出去。那时候，米贱肉贱，肯卖膀子力气本来可以混个肚儿圆；他们可是不成：肚量既大，而且得吃口管事儿的；干饽饽辣饼子咽不下去。况且他们还时常去走会：五虎棍，开路，太狮少狮……虽然算不了什么——比起走镖来——可是到底有个机会活动活动，露露脸。是的，走会捧场是买（卖）脸的事，他们打扮得像个样儿，至少得有条青洋绉裤子，新漂白细市布的小褂，和一双鱼鳞洒鞋——顶好是青缎子抓地虎靴子。他们是神枪沙子龙的徒弟——虽然沙子龙并不承认——得到处露脸，走会得赔上俩钱，说不定还得打场架。没钱，上沙老师那里去求。沙老师不含糊，多少不拘，不让他们空着手儿走。可是，为打架或献技去讨教一个招数，或是请给说个“对子”——什么空手夺刀，或虎头钩进枪——沙老师有时说句笑话，马虎过去：“教什么？拿开水浇吧！”有时直接把他们赶出去。他们不大明白沙老师是怎么了，心中也有点不乐意。

可是，他们到处为沙老师吹腾，一来是愿意使人知道他们的武艺有真传授，受过高人的指教；二来是为激动沙老师：万一有人不服气而找上老师来，老师难道还不露一两手真的么？所以：沙老师一拳就砸倒了个牛！沙老师一脚把人踢到房上去，并没使多大的劲！他们谁也没见过这种事，但是说着说着，他们相信这是真的了，有年月，有地方，千真万确，敢起誓！

王三胜——沙子龙的大伙计——在土地庙拉开了场子，摆好了家伙。抹了一鼻子茶叶末色的鼻烟，他抡了几下竹节钢鞭，把场子打大一些。放下鞭，没向四围作揖，叉着腰念了两句：“脚踢天下好汉，拳打五路英雄！”向四围扫了一眼：“乡亲们，王三胜不是卖艺的；玩艺儿会几套，西北路上走过镖，会过绿林中的朋友。现在闲着没事，拉个场子陪诸位玩玩。有爱练的尽管下来，王三胜以武会友，有赏脸的，我陪着。神枪沙子龙是我的师傅；玩艺地道！诸位，有愿下来的没有？”他看着，准知道没人敢下来，他的话硬，可是那条钢鞭更硬，十八斤重。

王三胜，大个子，一脸横肉，努着对大黑眼珠，看着四围。大家不出声。他脱了小褂，紧了紧深月白色的“腰里硬”，把肚子杀进去。给手心一口唾沫，抄起大刀来：“诸位，王三胜先练趟瞧瞧。不白练，练完了，带着的扔几个；没钱，给喊个好，助助威。这儿没生意口。好，上眼！”

大刀靠了身，眼珠努出多高，脸上绷紧，胸脯子鼓出，像两块老桦木根子。一跺脚，刀横起，大红缨子在肩前摆动。削砍劈拨，蹲越闪转，手起风生，忽忽（呼呼)直响。忽然刀在右手心上旋转,身弯下去,四围鸦雀无声,只有缨铃轻叫。刀顺过来,猛的(地)一个“踩泥”,身子直挺,比众人高着一头,黑塔似的。收了势:“诸位!”一手持刀,一手叉腰,看着四围。稀稀的(地)扔下几个铜钱,他点点头。“诸位!”他等着,等着,地上依旧是那几个亮而削薄的铜钱,外层的人偷偷散去。他咽了口气:“没人懂!”他低声地说,可是大家全听见了。

“有功夫!”西北角上一个黄胡子老头儿答了话。

“啊?”王三胜好似没听明白。

“我说:你——有——功——夫!”老头子的语气很不得人心。

放下大刀,王三胜随着大家的头往西北看。谁也没看重这个老人:小干巴个儿,披着件粗蓝布大衫,脸上窝窝瘪瘪,眼陷进去很深,嘴上几根细黄胡,肩上扛着条小黄草辫子,有筷子那么细,而绝对不像筷子那么直顺。王三胜可是看出这老家伙有功夫,脑门亮,眼睛亮——眼眶虽深,眼珠可黑得像两口小井,深深地闪着黑光。王三胜不怕:他看得出别人有功夫没有,可更相信自己的本事,他是沙子龙子下的大将。

“下来玩玩,大叔!”王三胜说得很得体。

点点头,老头儿往里走。这一走,四处全笑了。他的胳臂不大动;左脚往前迈,右脚随着拉上来,一步步地往前拉扯,身子整着,像是患过瘫痪病。蹭到场中,把大衫扔在地上,一点没理会四围怎样笑他。

“神枪沙子龙的徒弟,你说?好,让你使枪吧;我呢?”老头子非常的(得)干脆,很像久想动手。

人们全回来了,邻场耍狗熊的无论怎么敲锣也不中用了。

“三截棍进枪吧?”王三胜要看老头子一手,三截棍不是随便就拿得起来的家伙。

老头子又点点头,拾起家伙来。

王三胜努着眼,抖着枪,脸上十分难看。老头子的黑眼珠更深更小了,像两个香火头,随着面前的枪尖儿转,王三胜忽然觉得不舒服,那俩黑眼珠似乎要把枪尖吸进去!四处已围得风雨不透,大家都觉出老头子确是有威。为躲那对眼睛,王三胜耍了个枪花。老头子的黄胡子一动:“请!”王三胜一扣枪,向前躬步,枪尖奔了老头子的喉头去,枪缨打了一个红旋。老人的身子忽然活展了,将身微偏,让过枪尖,前把一挂,后把撩王三胜的手。拍(啪),拍(啪),两响,王三胜的枪撒了手。场外叫了好。王三胜连脸带胸口全紫了,抄起枪来;一个花子,连枪带人滚了过来，枪尖奔了老人的中部。老头子的眼亮得发着黑光；腿轻轻一屈，下把掩裆，上把打着刚要抽回的枪杆；拍(啪)，枪又落在地上。

场外又是一片彩声。王三胜流了汗，不再去拾枪，努着眼，木在那里。老头子扔下家伙，拾起大衫，还是拉拉着腿，可是走得很快了。大衫搭在臂上，他过来拍了王三胜一下："还得练哪，伙计！"

"别走！"王三胜擦着汗："你不离，姓王的服了！可有一样，你敢会会沙老师？"

"就是为会他才来的！"老头子的干巴脸上皱起点来，似乎是笑呢。"走，收了吧，晚饭我请！"

王三胜把兵器拢在一处，寄放在变戏法二麻子那里，陪着老头子往庙外走。后面跟着不少人，他把他们骂散了。

"你老贵姓？"他问。

"姓孙哪，"老头子的话与人一样，都那么干巴。"爱练；久想会会沙子龙。"

沙子龙不把你打扁了！王三胜心里说。他脚底下加了劲，可是没把孙老头落下。他看出来，老头子的腿是老走着查拳门中的连跳步；交起手来，必定很快。但是，无论他怎么快，沙子龙是没对手的。准知道孙老头要吃亏，他心中痛快了些，放慢了些脚步。

"孙大叔贵处？"

"河间的，小地方。"孙老者也和气了些："月棍年刀一辈子枪，不容易见功夫！说真的，你那两手就不坏！"

王三胜头上的汗又回来了，没言语。

到了客栈，他心中直跳，唯恐沙老师不在家，他急于报仇。他知道老师不爱管这种事，师弟们已碰过不少回钉子，可是他相信这回必定行，他是大伙计，不比那些毛孩子；再说，人家在庙会上点名叫阵，沙老师还能丢这个脸吗？

"三胜，"沙子龙正在床上看着本《封神榜》，"有事吗？"

三胜的脸又紫了，嘴唇动着，说不出话来。

沙子龙坐起来，"怎么了，三胜？"

"栽了跟头！"

只打了个不甚长的哈欠，沙老师没别的表示。

王三胜心中不平，但是不敢发作；他得激动老师："姓孙的一个老头儿，门外等着老师呢；把我的枪，枪，打掉了两次！"他知道"枪"字在老师心中有多大分量。没等吩咐，他慌忙跑出去。

客人进来，沙子龙在外间屋等着呢。彼此拱手坐下，他叫三胜去泡茶。三胜希望两个老人立刻交了手，可是不能不沏茶去。孙老者没话讲，用深藏着的眼睛打量沙子龙。沙很客气："要是三胜得罪了你，不用理他，年纪还轻。"

孙老者有些失望，可也看出沙子龙的精明。他不知怎样好了，不能拿一个人的精明断定他的武艺。"我来领教领教枪法！"他不由地说出来。

沙子龙没接碴（茬）儿。王三胜提着茶壶走进来——急于看二人动手，他没管水开了没有，就沏在壶中。

"三胜，"沙子龙拿起个茶碗来，"去找小顺们去，天汇见，陪孙老者吃饭。"

"什么！"王三胜的眼珠几乎掉出来。看了看沙老师的脸，他敢怒而不敢言地说了声："是啦！"走出去，噘着大嘴。

"教徒弟不易！"孙老者说。

"我没收过徒弟。走吧，这个水不开！茶馆去喝，喝饿了就吃。"沙子龙从桌子上拿起缎子褡裢，一头装着鼻烟壶，一头装着点钱，挂在腰带上。

"不，我还不饿！"孙老者很坚决，两个"不"字把小辫从肩上抡到后边去。

"说会子话儿。"

"我来为领教领教枪法。"

"功夫早搁下了，"沙子龙指着身上，"已经放了肉！"

"这么办也行，"孙老者深深地看了沙老师一眼："不比武，教给我那趟五虎断魂枪。"

"五虎断魂枪？"沙子龙笑了："早忘干净了！早忘干净了！告诉你，在我这儿住几天，咱们各处逛逛，临走，多少送点盘缠。"

"我不逛，也用不着钱，我来学艺！"孙老者立起来，"我练趟给你看看，看够得上学艺不够！"一屈腰已到了院中，把楼鸽都吓飞起去。拉开架子，他打了趟查拳：腿快，手飘洒，一个飞脚起去，小辫儿飘在空中，像从天上落下来一个风筝；快之中，每个架子都摆得稳、准，利落；来回六趟，把院子满都打倒，走得圆，接得紧，身子在一处，而精神贯串到四面八方。抱拳收势，身儿缩紧，好似满院乱飞的燕子忽然归了巢。

"好！好！"沙子龙在台阶上点着头喊。

"教给我那趟枪！"孙老者抱了抱拳。

沙子龙下了台阶，也抱着拳："孙老者，说真的吧；那条枪和那套枪都跟我入棺材,一齐入棺材!”

“不传?”

“不传!”

孙老者的胡子嘴动了半天,没说出什么来。到屋里抄起蓝布大衫,拉拉着腿:“打搅了,再会!”

“吃过饭走!”沙子龙说。

孙老者没言语。

沙子龙把客人送到小门,然后回到屋中,对着墙角立着的大枪点了点头。

他独自上了天汇,怕是王三胜们在那里等着。他们都没有去。

王三胜和小顺们都不敢再到土地庙去卖艺,大家谁也不再为沙子龙吹腾;反之,他们说沙子龙栽了跟头,不敢和个老头儿动手;那个老头子一脚能踢死个牛。不要说王三胜输给他,沙子龙也不是他的“个儿”。不过呢,王三胜到底和老头子见了个高低,而沙子龙连句硬话也没敢说。“神枪沙子龙”慢慢似乎被人们忘了。

夜静人稀,沙子龙关好了小门,一气把六十四枪刺下来;而后,拄着枪,望着天上的群星,想起当年在野店荒林的威风。叹一口气,用手指慢慢摸着凉滑的枪身,又微微一笑,“不传!不传!”

选自:《断魂枪》,中国工人出版社,老舍(著)

张巡

导语：中国不缺人才，泱泱大国，人杰地灵。中国不缺匠师，天南地北，藏龙卧虎。中国更不缺这“家”那“家”，中国所缺者，是支持、支撑他们尽显身手的舞台。乱世扼英才，盛世育人才。珍惜时代，博采众长，传承精髓，学以致用，报效国家，方不负这大好时代。

天授之谓才，人从而成之之谓义，发而著之事业之谓功。精敏辩博，拳捷趫勇，非才也；驱市井数千之众，摧胡虏百万之师，战则不可胜，守则不可拔，斯可谓之才矣。死党友，存孤儿，非义也；明君臣之大分，识天下之大义，守死而不变，斯可谓之义矣。攻城拔邑之众，斩首捕虏之多，非功也。控扼天下之咽喉，蔽全天下之大半，使其国家定于已倾，存于既亡，斯可谓之功矣。呜呼！以巡之才如是，义如是，功如是，而犹不免于流俗之毁，况其暧暧者邪？（选自《温国文正司马公文集》第七十三《读张中丞传》）

令狐潮围张巡于雍丘，相守四十余日，朝廷声问不通。潮闻玄宗已幸蜀，复以书招巡。有大将六人，官皆开府、特进，白巡以兵势不敌，且上存亡不可知，不如降贼。巡阳许诺。明日，堂上设天子画像，帅将士朝之，人人皆泣。巡引六将于前，责以大义，斩之。士心益劝。城中矢尽，巡缚藁为人千余，被以黑衣，夜缒城下，潮兵争射之，久乃知其藁人；得矢数十万。其后复夜缒人，贼笑不设备。乃以死士五百斫潮营，潮军大乱，焚垒而遁，追奔十余里。潮惭，益兵围之。巡使郎将雷万春于城上与潮相闻，贼弩射之，面中六矢而不动。潮疑其木人，使谍问之，乃大惊，遥谓巡曰：“向见雷将军，方知足下军令矣，然其如天道何！”巡谓之曰：“君未识人伦，焉知天道！”未几，出战，擒贼将十四人，斩道百余级。贼乃夜遁，收兵入陈留，不敢复出。顷之，贼步骑七千余众屯白沙涡，巡夜袭击，大破之。还，至桃陵，遇贼救兵四百余人，悉擒之。分别其众，妫、檀及胡兵，悉斩之；荥阳、陈留胁从兵，皆散令归业。旬日间，民去贼来归者万余户。

甲申，令狐潮、王福德复将步骑万余攻雍丘。张巡出击，大破之，斩首数千级，贼遁去。（选自《资治通鉴》卷二百一十八）

给儿子的结婚致辞

柳传志

导语：2017 年，央视推出全新的阅读类节目——《朗读者》，联想控股董事长、联想集团创始人柳传志获邀做客首期节目。在节目中，他敞开心扉分享了人生和家庭的那些事，并深情朗读了他在儿子的婚礼上的致辞，不仅有浓浓的亲情，而且传达了不少人生的智慧。

柳林结婚对我们全家来说毫无疑问是头等大事。我的主要任务是把今天的话讲好，把方方面面的意思都表达了，还要有点深刻的内容，以便将来载入家庭史册。所以准备这个讲话还真是费神的事。

我荣幸地给柳林当父亲四十几年了，近十余年来，他虽然也常有欢笑的时候，但我总觉得他的大多数快乐是短暂的，是皮肤层面的。多数时候他都表情平淡，略显忧郁。而自从和康乐交了朋友以后，明显发生了变化，随着时间的推移，他的快乐从皮肤进入了筋脉、骨髓，进入了五脏六腑。看来康乐的笑容融化在了柳林的心田里。柳林眉眼中总带着欢喜和笑意。

柳林是个比较成熟、稳重的男人，遇事思前想后，不易冲动。柳林的变化我和他妈自然看在眼里。我和柳林交流广泛且深刻，关于择偶标准，我和他讨论过无数次，所以只要柳林由衷地高兴、幸福，康乐大致属于什么类型，不用我再了解，只看柳林的态度，心中便有分晓。

在我家相亲相爱一家人的微信群中，康乐以前是见习秘书长。从今天，2016 年 12 月 24 日起，康乐正式担任秘书长一职。康乐的阳光将不仅照向柳林，而且洒向全家，为全家的和睦、幸福、昌盛贡献力量。

这时候应该表达感谢了。首先，我们整个大家庭对康健民先生、陈秋霞女士能培养出康乐这样善良、贤淑、聪明、能干，形象、内涵俱佳的女儿由衷地钦佩，更重要的是对他们能把女儿无私地送到老柳家当儿媳妇，表示万分感谢。对这样无比珍贵的礼物，我们实在无以为报，只能把儿子送去当女婿，以表达感激之情。以后如果有冬天存储大白菜、搬蜂窝煤这样的重活尽管叫他干，他绝无二话，因为他从小就这么跟着我们干过很多年。

在我们公司考察干部有句行话:既要看前门脸,又要看后脑勺。前门脸指的是业绩、能力,是要给人看的地方;后脑勺是品行,是一般考核不到的地方。

柳林不在我们公司上班,我的注意力不在他的前门脸上,而在后脑勺上。如实讲,柳林的后脑勺长得还是很漂亮的。柳林善良、忠厚、孝顺,对朋友讲情义、重承诺,说话幽默,而且从不高调,他的朋友都认可他。

在我们的大家庭中有一个至高无上的尊者,那就是我的父亲。由于柳林在家族中独苗单传的特殊位置,也由于柳林孝顺、善良的性格,爷爷奶奶对他的成长高度关注。在他结婚的重要时刻,我要对他讲一句深刻的话,这是我父亲送给我的一句话。

我十七岁高中毕业的时刻,由于家庭成分的原因,发生了一个突然的变故,我受到重重的一击,完全被打蒙了。这时候,父亲和母亲一起和我谈了话。

父亲说:"只要你是一个正直的人,不管你做什么行业,你都是我的好孩子。"父亲的话让我无比温暖,我的一生经历坎坷、天上地下、水中火中,但父亲的这句话让我直面任何环境都能坦荡应对。

今天,在我把这句话转送给儿子的时候,我想补充一点。正直两个字包含了忠诚坦荡、光明磊落等多种真善美的内涵,我想加的半句话是"懂得融通",也就是说"有理想而不理想化"。

在我懂事成人的20世纪50年代,何曾想过今天世界会是这样。你们——你和康乐,将面临一个具有更大的不确定性的未来,真正理解有理想而不理想化能让你们以强大的心脏面对未来,受益无穷。

每当看到柳林和康乐相视会心一笑的时候,幸福的光环不但笼罩着你们,而且传递到了我们心中。做父母的有什么比儿女生活幸福还幸福的事呢!尤其是在此刻,我从沙场上退下来,希望充分享受天伦之乐的时候。

希望柳林、康乐永远相亲相爱,这是柳家的传统,爷爷奶奶、爸爸妈妈、叔叔婶婶都是这样。我们都热烈地、殷切地盼望看到你们结出幸福的果实,越多越好!三十多年前有一部电视剧叫《阿信》,电视剧的开头是在日本的高速列车上,一个满头银发的老奶奶带她的孙子看她创造的产业帝国。我殷切地盼望着这一天!

《朗读者》柳传志之番外篇

柳传志到了CCTV，自然又是提前到达，他和董卿在访谈间里足足聊了一个小时，到底聊了什么？

董卿：一个企业的企业文化、气质、思想其实和企业的创始人是有着密切的关联的，您与联想之间的紧密关联是不言而喻的。您是否有一些做企业的原则在这个企业里是不可破的？

柳传志：当然。企业都有自己的企业文化，企业文化体现了企业的价值观。在我们公司，特别崇尚诚信。因为在中国，过去对商人是看不起的，士、农、工、商，商人排在最后，还有一句话叫“无商不奸”。所以企业，尤其是民营企业，要把诚信放在第一位，要用良币驱除劣币。民营企业在中国经济发展中起着重大的作用，所以我把诚信看得特别重。其实就是说话要算话，要推动这一点，首先要以身作则。比如开会迟到的问题，很多单位都无所谓，迟到三分钟、五分钟都可以，在我刚创办联想的时候，八几年，大家的时间观念真的不强，所以往往就有这种情况，比如八点钟开会，九点钟最后一个人才到。我后来就定了一个规矩，开会迟到要被罚站，罚站不是一边开着会，一边在后面站着，而是把会停下让他站一分钟，这是很尴尬的局面，有点像默哀似的。

董卿：您自己被罚过吗？

柳传志：当然，当然被罚过。因为我们的规矩是，只要没有提前请假，都要被罚。我有一次在一个酒店里开会，快开会的时候我去洗手间，正好碰见了中科院的院长，我当然得跟他说话，说完话就拖了时间。我一共被罚过三次，开过那么多次会，能只被罚三次就非常不错了。

董卿：别人怎么好意思罚您呢？

柳传志：我当然要自觉地站在那儿了。而且我们有一个规定，如果主持会议的人没有按照规章去罚迟到的人，被检举后要到我的办公室站一分钟。罚站是个平常的事，我1990年定的规矩，到今年都二十几年了，依然延续着。这说明制度就是制度，之所以能一直严格地遵守，除了规定以外，以身作则非常重要。

董卿：我知道您有一个非常在意的原则，就是不迟到，在公司或者去外面开会从来不迟到，那么您在家里也不允许家人迟到吗？

柳传志：我常说我们家的书记是我太太，这是半开玩笑但也是真的，因为家里的事儿我不管,经济大权全交给她。别的事都好商量,但是迟到我是真的不愿意。

董卿:不能容忍。

柳传志:为什么不能容忍呢?不迟到几乎是我的品牌了,我朋友圈里的人都知道,他们跟我开会、碰头都不迟到,都等着抓我迟到一回。有的时候家里人出去,觉得这是家里人玩,为什么弄得那么紧张,但我说这是我的原则,坚决不让。

选自:http://www.sohu.com/a/126649404_355045

思考与拓展

一、你认为沙子龙拒绝比武的根本原因有哪些？至少列出五个。

二、如果你是生活在今天的沙子龙，你也拥有他一样的武功，你会怎样发展壮大你的“武术”事业？请具体说说你的规划，不少于 300 字。

三、你认为张巡“智”么？具体表现在哪些地方？你怎么看待司马光对他的评价？

四、张巡本是一个文人，却阴差阳错地成了军事家，你觉得他的哪些做法可以作为你今后工作的指南？请具体设想一个未来的工作场景举例说明。

五、从柳传志、孙丕恕、张瑞敏、任正非这些企业家身上，你看到一个企业、一个企业家在历经沉浮的创业路上应该具备怎样的精神品质呢？请展开阐述，不少于 100 字。

六、请谈谈在酷暑时节你怎样把自制的冰粉（配料只有红糖和山楂）以 5 元一碗的价格推销给室友，字数在 100 字左右。

【匠心筑梦 成就人生】

1.《四世同堂》

作者老舍,人民文学出版社

推荐理由:平民角度,史家笔法,描述抗战的苦难和民族的不屈。

2.《秦朔访问:照亮世界的中国企业家精神》

作者秦朔,东方出版中心

推荐理由:该书汇集了人文财经观察家、资深媒体人秦朔对当今中国一批顶尖商业领袖的一手采访与对话,包括马云、任正非、柳传志、张瑞敏、马明哲、王石、陈启宗、陈东升、雷军、刘强东、董明珠、李东生等各行业的领军企业家37人。他们敢于冒险,勇于创新,勤于思考,善于总结;对全球化背景下中国的经济趋势、产业发展与企业未来充满洞见;对发现和把握机遇,做强做大,做优做精具有丰富的经验。

3.《企业家精神》

作者稻盛和夫(日),译者叶瑜,机械工业出版社

推荐理由:企业是社会公器,掌握企业命运的领导者有义务更有责任遵循人间正道,把好企业经营的方向盘,同时自身要形成足以担当这一职责的高尚人格。该书展现了作者身为一名企业经营者,在超过半个世纪的经营中不懈迈进的足迹。

4.《资治通鉴》

作者司马光,中华书局

推荐理由:半部《论语》可治天下,一部《资治通鉴》可知兴衰。伟人毛泽东曾手捧该书不释卷,你我焉能不资借鉴?

5.《历史上的企业家精神:从古代美索不达米亚到现代》

作者戴维·兰德斯、乔尔·莫克、威廉·鲍莫尔,译者姜井勇,中信出版社

推荐理由:该书堪称创新、创业与企业家精神的寻根之作。它从历史发展的角度讨论几千年来企业家精神和创新在社会经济发展中的积极以及消极作用,是一部企业家精神史!